explore

空域最強戰鬥機！
F-22猛禽今天解密

瑞昇文化

前言

　　新型的航空器，總是會讓我們雀躍不已。它們的製造目的、所使用的最新技術、所發揮出來的性能，在好奇心與興奮使然之下，疑問無止盡的泉湧而出。航空宇宙產業本來就是使用最高科技的尖端產業之一，許多革新技術的源頭都來自於這個領域。尤其是戰鬥機，總是在優渥的預算之下，使用當代最尖端的科技打造其每一分每一吋。因此最新式的戰鬥機所能勾動的熱情，又遠勝過其他種類的飛機。

　　洛克希德‧馬丁的這架F-22猛禽，正是完全符合這些條件。在洛克希德‧馬丁公司內部，航空器的事業由洛克希德‧馬丁航空公司（Lockheed Martin Aeronautics）一手包辦。理所當然的，我現在每年都還會到他們本公司所在的德克薩斯州沃斯堡，以及實際組裝F-22的喬治亞州瑪莉埃塔進行採訪。就算透過這些採訪，也能在許多地方感受到F-22跟過去戰鬥機的不同。容許讓我在此介紹2個背後的小插曲。

　　不只是美國，世界上所有防衛性產業設施，都有極為森嚴的保密防範措施。

而在美國，除非得到特別的許可，否則無法將照相機跟錄音器具帶到設施內（就算申請也很難得到許可）。不過說明所使用的資料（現在都是Power Point所製作的檔案）大多·都可以整份發給我們。這對洛克希德·馬丁公司的F-16與F-35來說也是一樣，不過唯獨F-22不同。F-22的資料雖然可以讓我們在當場用筆記抄下來，但說明用的原始資料卻規定絕對不可外流，能交給我們這些採訪者的資料非常之有限。

另外一個，則是我們雖然可以進入組裝工廠內部，但正在進行作業的部分會用隔板遮住禁止外人觀看，當然也無法進入隔板的另一邊。只有一次因為特殊事由，在下有幸可以在瑪莉埃塔工廠的生產線最終組裝區附近進行觀察，但這純粹是例外中的例外。

有一次，機身中央的部分剛好被送到沃斯堡工廠，帶我參觀的工作人員向我提議「在機身搬入組裝工廠的時候偷看一下作業內容」，因此我們兩人就在一旁等待作業開始。可是不管我們再怎麼等，抵達工廠入口的機身卻一直都沒有移動的跡象。工作人員詢問之後所得到的答覆為「如果現在移動的話會被我們看到內部構造，所以想動也動不了」。

不得不放棄這個一探其內部構造的機會，我們只好黯然的離去。

軍用機在情報公開上有很嚴格的規定，從過去無數的採

訪之中我們早就已經了解到這點，但一次又一次被回絕的經驗卻讓我們深刻體會到，F-22的規制程度遠遠超過其他機種。

不過美國再怎麼說都是情報透明化的先進國家，在許可範圍內可以得到相當詳細的說明，另外也會盡可能的回答我們所提出的疑問。也因此才會有這本書的誕生。希望各位可以透過本書來了解F-22的厲害，以及跟其他戰鬥機的與眾不同之處。

F-22從實戰配備到現在並沒有經過多少時間。未來30年，它都將是美國空軍主力戰鬥機的一雄，因此今後也會追加許多改良，讓它的能力更為提升。相信在有生之年，在下都會一直追蹤F-22的動向，將這架獨特的戰鬥機持續介紹給大家。

最後，非常感謝編輯部的益田賢治先生，在執筆時給我許多寶貴的意見，讓本書得以順利完成。

青木謙知

CONTENTS

空域最強戰鬥機！F-22猛禽今天解密

匿蹤性、超機動性、超音速巡航……真正達致「先發現、先攻擊、先擊落」

CONTENTS

第1章

F-22猛禽的厲害之處

目前，在全世界的空軍所運用的戰鬥機之中，美國空軍的最新銳戰鬥機F-22猛禽，擁有壓倒性的戰鬥力。到底是什麼樣的技術，創造出那無可比擬的戰鬥力。匿蹤性、超音速巡航、超機動性能，這章，就讓我們依序解說這些最新的科技。

F-22的特徵

美國空軍的最新銳戰鬥機,洛克希德·馬丁的「F-22猛禽」,是目前世界上所有空軍所運用的戰機之中,最新的機種。因爲F-22具有過去戰鬥機所沒有的特徵,身爲製造商的洛克希德·馬丁公司特別將它定位成全球第一架「第5世代戰鬥機」。

被洛克希德·馬丁認定爲第5世代戰鬥機的特徵,有極高的匿蹤性、更高次元的運動性、超音速巡航能力、融合最新式的各種感應器來提供優良的狀況判斷能力、活用無線網路的作戰同步能力、高佈署性、優良的維修·管理性等過去傳統戰機無法追隨的機能與性能之外,還有將所有一切構造整理成單一原件這一點。關於這些能力,我們等一下會一項一項進行說明,F-22不只是擁有壓倒性的戰鬥力,還大幅減低被擊墜的機率,確保了極高的存活性能。

舉個實例,在2006年所舉辦的美國空軍演習「Northern Edge」之中,才剛服役的F-22,在模擬空戰中創下了擊墜數242比2的紀錄。這個數字代表F-22在擊墜242架敵機時,自軍只有損失2架戰機。一般在空戰中5比1的擊墜數就會被稱爲壓倒性勝利,這個數字可說是F-22的完全性勝利。另外在這場演習中,F-22維持了高達97%的作戰運轉率。只有3%的戰機因故無法出擊,這就戰鬥機來說也是高到異常的數字。F-22才剛服役,就已經展現其無比實力的一端。

洛克希德‧馬丁的F-22A猛禽，擁有匿蹤機能、超高的機動性、超音速巡航等過去戰鬥機所沒有的能力，是美國空軍的最新銳戰鬥機。強調這點，洛克希德‧馬丁特地將猛禽分類為第5世代戰鬥機。
（照片提供：洛克希德‧馬丁）

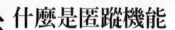

什麼是匿蹤機能

在軍用飛機用語之中常常可以聽到的這個單字「匿蹤（Stealth）」，原文是「隱形」、不會被查覺的意思。新開發的戰鬥機或轟炸機，如果在設計階段就積極採用匿蹤技術，以不被察覺為重點的話，就會冠上「隱形戰鬥機」或「隱形轟炸機」的稱號。

有許多方法，可以發現從遠方飛來的航空器。最基本的當然是我們人類本身五感的視覺、聽覺、味覺、嗅覺、觸覺之中的視覺跟聽覺，因此盡量減少噪音，用偽裝等方法盡可能不被肉眼發現，就廣義來說也是一種匿蹤技術。避免被肉眼發現的方法除了融入背景的迷彩偽裝之外，盡可能縮小機體面積也是自早以來就慣用的手法之一。

可是在第二次世界大戰時，發現遠方飛機的新技術被實用化。使用電波探測目標位置的機械，雷達。雷達到現在仍舊是監視航空器最有效的手段，被全世界廣為使用。因此匿蹤機能，一般都解釋為不容易被雷達察覺到的技術。當然，能夠不被肉眼補捉也是非常重要，匿蹤技術大多也會兼顧到這點。另外，飛彈的誘導裝置跟飛機所搭載的探測裝置，許多都會以熱能（飛機引擎的排氣或是與機身空氣摩擦所產生的熱）為探測目標，因此匿蹤技術也必須針對這點採取對策，才稱得上完善。

自早以來被用來降低肉眼發現機率的的迷彩偽裝，也是一種匿蹤機能。照片為美國空軍的FB-111A戰鬥轟炸機，因為在陸地上低空飛行的任務相當多，因此施加了不容易被人從地面上用肉眼捕捉的迷彩。
（照片提供：美國空軍）

日本航空自衛隊在將C-130H派遣到伊拉克時，為了降低被地對空飛彈攻擊的機率，塗上了可以融入天空的水藍色。
（照片提供：日本航空自衛隊）

匿蹤機能的思考

要顯示一個物體對雷達具有多少的匿蹤性能時，會使用雷達截面積（RCS）這個數據。這是當某個物體被雷達電波照射到時，將電波反射回去給發訊源所探測到的面積，據說沒有使用匿蹤技術的戰鬥機，大約是在$5m^2$左右。這個數據會隨著機體大小而變化，轟炸機或運輸機等大型機體的雷達截面積則高達$100\sim1000m^2$。而電波照射到目標時的方向也會有差，正面、側面、正上方，上述的數據為正面捕捉時的數字。

提高匿蹤性，簡單的來說就是減少RCS。其手法有調整機體外型不讓雷達波反射回去、在機身外表使用吸收雷達電波的構造跟材料等等，這些機構所佔的比率越高，匿蹤性也越為優秀。其中一個成功案例是美國的B-2轟炸機，B-2雖然是大型的轟炸機，但RCS卻只有$0.75m^2$。

據說F-22的RCS為$0.01m^2$，相當於1隻小鳥的面積。長度大約19m、翼展約13.5m、光是主翼面積就有$78m^2$的F-22在雷達上的機影，就好像我們用肉眼觀望遠方的小鳥一樣，由此可以想像F-22「有多難被發現」。太過追求匿蹤性，會讓戰機的運動性降低、無法搭載武裝等裝備品，損害到戰機應有的能力，但F-22卻成功組合匿蹤性跟超越傳統戰機的性能，進入前人未到的領域。

雷達波的反射與擴散

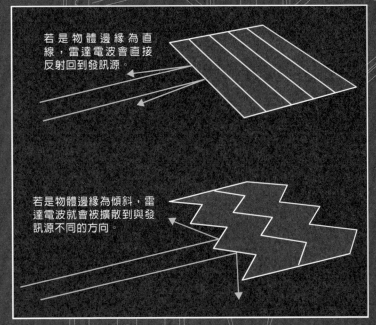

若是物體邊緣為直線，雷達電波會直接反射回到發訊源。

若是物體邊緣為傾斜，雷達電波就會被擴散到與發訊源不同的方向。

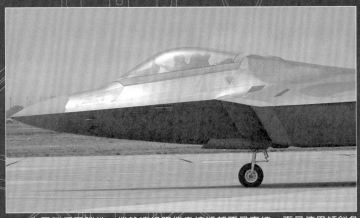

F-22為了確保匿蹤性，機艙邊緣跟機身接縫都不是直線，而是使用傾斜角度的鋸齒狀。這些角度全都經過嚴密的計算。
（照片：青木謙知）

15

匿蹤機能的歷史

「匿蹤性」這個字眼在軍用機業界開始被使用，是1980年的事情。當時的美國總統卡特發表正在研發軍用的新型轟炸機時，說出「傳統性防空系統無法迎擊，使用"匿蹤技術"的轟炸機」，讓「匿蹤戰機（隱形戰機）」一詞開始被使用。

卡特總統口中的這架隱形轟炸機，後來成為諾斯洛普（現在的諾斯洛普‧格魯曼）的B-2精神式戰略轟炸機，而在卡特總統的發表之後，出現了「既然有轟炸機，那應該也有研發隱形戰鬥機」的揣測。這個揣測由後來洛克希德（洛克希德‧馬丁）所發表的F-117所証實。

B-2與F-117成為史上第一架隱形轟炸機跟隱形戰鬥機，不過雖然沒有使用「匿蹤（隱形）」一詞，能夠不被雷達所捕捉的飛機在這之前就已經開始研發。積極採用這些研究成果，世界第一架不會被雷達所捕捉的飛機，是超高速戰鬥機計劃所分歧出來的，洛克希德的SR-71戰略偵察機。1964年12月22日首次飛行，1966年1月開始服役的SR-71擁有在24000m以上的高空用3～3.5馬赫飛行的能力，並且使用吸收雷達電波的材質與構造，還在整個機身塗上黑色的亞鐵鹽（Ferrite）塗料來擴散雷達電波，進而得到匿蹤性。已經除役的SR-71在多數的偵查任務中沒有任何一次被擊落。

洛克希德研發的馬赫3等級的戰略偵查機SR-71。一部分的機體構造跟塗料採用不容易被雷達捕捉到的技術。
（照片提供：洛克希德・馬丁）

反雷達對策

目前匿蹤技術最重視的，是如何讓自己不被雷達探測到。之中最重要的，莫過於如何讓機體不出現在雷達上，並且使用吸收雷達電波的材質跟構造，巧妙將兩者結合，就能大幅減少雷達截面積（RCS）。

就機體形狀來說，同樣是隱形軍機的B-2跟F-117具有相當不同的特徵，但基本前提都是不讓雷達電波反射回去給發訊源。這在F-22也是一樣，而F-22又特別讓機身所有的接縫都緊密結合。因為只要接縫上有一點點溝道存在，就會成為雷達電波的主要反射源。這在F-117跟B-2也是一樣，將所有邊緣部分與接縫角度盡可能湊齊，讓反射波不會往同一個方向跑。

天線跟感應器等機身上小小的突出物，也會是造成雷達電波反射的主因，因此F-22盡可能將這些設備都包覆在機身內，並用防止雷達電波侵入的外殼蓋住。就連標準配備的機關砲，不使用的時候也不會露在外面。而雖然包覆在機身之中，引擎也是非常容易被雷達捕捉的零件之一，特別是從正面照射雷達波時，噴射引擎前方的進氣口會形成極大的電波反射區。因此F-22讓進氣口與引擎之間的通道彎曲，讓電波無法直接抵達引擎。

F-22A在機體形狀上的匿蹤構造與F-117相近。並且去除機身上所有接縫的凹凸，還將天線等小形突出物收到機殼內部。
（照片提供：青木謙知）

引擎正面的進氣口會是很大的雷達電波反射區，如何隱藏這個區域，是匿蹤機能一定得面對的課題。洛克希德‧馬丁的F-117在進氣口上設置細微的網格，讓雷達電波難以進出。
（照片提供：美國空軍）

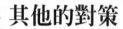

其他的對策

　　尋找飛機的手段除了雷達之外，還有最近特別興盛的紅外線感應技術。這類型的感應器，會捕捉目標所發出的熱能，因此在戰鬥機的裝備上越來越普及。這種裝置最大的特徵，是它不像雷達一樣會自己發出電波，是一種被動式的裝置，因此可以在不被對方發現的狀況下進行探測。

　　飛機最大的發熱源，是引擎的排氣口，因此降低引擎排氣口所排放的熱，是針對紅外線感應技術的有效對策。F-22用來降低排氣口熱度的技術完全沒有對外公佈，據說跟傳統戰鬥機相比排出的熱度非常的低。另外排氣口還會產生排煙，在空中形成長長一道軌跡，若是軌跡太長的話也會讓戰鬥機容易被發現。在F-22的對外發表之中，據說F-22透過抑制排氣口的排熱，讓煙霧軌跡幾乎不會發生。

　　關於防止被肉眼所發現的方法，就像先前所說的一般使用偽裝迷彩。偽裝迷彩的主要作用，是讓機體與背景融合在一起，讓肉眼難以捕捉，因此不會有萬能的迷彩存在。在沙漠上空飛行時，如果塗上土色系的顏色，就會跟地面融合在一起，讓上空的敵人難以辨識。可是如果就這樣飛在冰原上空的話，反而會很容易被發現。F-22身上所使用的是灰色系的塗料，若是以天空爲背景的話會讓敵方難以辨識，目前F-22並不考慮使用其他顏色的外裝。

F-22A為了在空中難以被敵人辨識，機身整體的邊緣使用接近白的灰色，
其他整個機體除了一小部分之外，都使用濃淡兩種類型的灰色系。
（照片提供：洛克希德‧馬丁）

首架匿蹤性戰機（1）：F-117

1988年11月10日，美國空軍以1張照片向世界公佈其存在的F-117。1976年由洛克希德公司取得開發契約，匿蹤技術試作機（XST）在1977年12月首次試飛，大型化並修改成實驗機的就是F-117。原型機在1981年6月10日首次飛行，在這7年之間，其存在完全不被世人所察覺，可以看出美國空軍的保密機制有多麼完善。

F-117在1987年12月的巴拿馬作戰中首次經歷實戰，不過向全世界展現其存在與威力的，莫過於1991年的波斯灣戰爭。F-117是這場戰鬥中，對防空兵器保護得水洩不通的巴格達成功進行定點轟炸的唯一戰鬥機。而且自己1架也沒有折損，向全世界証明了匿蹤技術的有效性。

F-117的機身組合許多平面，使用琢面（Faceting）技術來構成那多面體的機身。小心設定每個平面的角度，可以讓雷達電波不管從哪個方向照射，都被擴散到別的方向，不會反射回去給發訊源。另外F-117為了提高匿蹤性，還捨棄了雷達的裝置及超音速飛行的性能。因此F-117雖然冠著戰鬥機的稱號，實際上卻是無法進行空戰的亞音速攻擊機。因為只有單一機能，並且服役已經超過20年，全機已經在2008年4月22日從美國空軍除役。

第一架實用的隱形戰鬥機，洛克希德‧馬丁的F-117A。使用琢面
（Faceting）技術將複數平面組合成完整的機身，形成了這個非常特別的
多角形外觀。
（照片提供：洛克希德‧馬丁）

洛克希德‧馬丁的F-117A在波斯灣戰爭中證明了匿蹤性的重要性，但因為
設計上一切以匿蹤性為第一考量，結果成為單一用途的攻擊機。
（照片提供：美國空軍）

首架匿蹤性戰機（2）：B-2

　　首次使用「匿蹤性」這個字眼的軍用機，是美國空軍的高科技轟炸機（ATB）計劃。諾斯洛普公司在1981年10月被指定為擔任研發的企業並開始作業，為了達成高續航力、高炸彈搭載量、還有極小的雷達截面積（RCS）等要求，採用了全翼機的構造。長久以來B-2的機體形狀一直都被視為軍事機密，美軍一直到1988年4月20日才正式發表這種全翼機的意像圖。

　　B-2讓中央機身的部分成為曲面來與主翼合為一體，讓主翼與機身之間銳角的邊緣消失，並使用全翼機的構造將尾翼去除。前緣的主翼雖然是直線，但後緣則是組合「W」形狀的反雷達構造。跟F-117不同，B-2裝備有轟炸用的雷達，不過完全埋在機身下方，並且施加有防止反探測的技術。

　　B-2達成軍方對高匿蹤性跟高轟炸能力的要求，但卻付出了造價昂貴這個代價，在1994年當時1架為7億7千3百萬美金。而且跟F-117一樣，第一世代的隱形戰機要維持匿蹤機能的完好，須要花費大量維修成本，令運用經費更加高騰。再加上冷戰的結束，讓當初預定配備的132架只止於21架，在1998年停止生產。過去雖然有1架被擊落，但剩下的機體全都還在服役中。

採用全翼機構造的隱形轟炸機，諾斯洛普‧格魯曼的B-2A精神式。雖然是
大型轟炸機，但雷達截面積（RCS）卻比沒有匿蹤性的戰鬥機還要小。
（照片提供：美國空軍）

諾斯洛普‧格魯曼的B-2A精神式戰略轟炸機為了得到高匿蹤性，採用全翼
機的構造，並將機身後部製造成W型，有著極為特殊的機體形狀。
（照片提供：美國空軍）

F-22的匿蹤機能：機體形狀

F-22整體的形狀，是由切掉頂角的三角主翼、水平穩定翼、以及2枚垂直穩定翼組合而成，這個基本構造跟F-15鷹式一樣。不過F-22另外還將機體各個部位邊緣的角度湊齊，並盡可能減少角度種類來確保匿蹤性。這個統一角度的作業，也施加在機身上各種艙門的接縫、腳架收納艙、武器艙、以及維修‧檢查用的艙蓋上，而且在關上的時候也不會產生溝縫跟高低差。

就像別項所說的，將天線類等突出物收到機身內也有助於提高匿蹤性，不過F-22與傳統戰鬥機更大的不同，是將所有武器收在機身內的武器艙，不讓它們露在機外這點。雖然也有強化武器匿蹤性的研究存在，但光是將武器吊掛在機身或主翼下方，就會增加被雷達發現的機率。因此F-22為了維持自身的匿蹤性，在機身兩側跟下方設置了武器艙房，將所有的武裝都收在這些艙房內部。

當然主翼還是跟傳統戰鬥機一樣，設置有強化結構以懸掛武器的「硬點（Hard Point）」，但只會在完全不須要匿蹤性的任務時使用，或是搭載長距離移動用的外加油箱。這雖然會限制武裝的數量，但F-22的武器艙房有著充分的空間，給運用上所須要的武器使用。

裝設在機身較高位置的主翼、2枚垂直穩定翼、位於駕駛艙後方的進氣口等等，F-22的機體組成與F-15鷹式相同，但在匿蹤性能方面卻是天差地遠。
（照片提供：洛克希德‧馬丁）

F-22的匿蹤機能：機體構造與塗料

F-22的基本機體構造，跟傳統戰鬥機並沒有太大的不同。只是在機身邊緣的許多部分，使用了雷達電波吸收構造（RAS）。這會讓接觸到的雷達電波被鎖在構造內部，或是減弱反射能量。材料方面，使用不會反射電波的複合性材料與塑膠，這在研發中的機體佔總材料的34%，但量產型則調整材料比率，減為25%。另外佔總材料39%的鈦金屬的部分，許多都施加有由眾多小孔構成的「Titanium Vent Screen」表面處理，來抑制雷達電波的反射。

F-22的整個機體，都由吸收雷達電波的塗料所包覆。這種反雷達電波的塗料，也有被塗在第一代隱形戰機的B-2跟F-117身上。只是據說B-2如果要維持其匿蹤性，必須每隔7年整個重新塗過一次。而F-22的塗料則經過改良，幾乎不會剝落，因此也不須要這麼耗費成本的保養作業。

駕駛艙的機艙蓋，也施加有反雷達電波的塗料，讓電波不容易進入，就算進入也不容易反射。駕駛艙中的金屬零件比我們想像中的都還要多，這個措施是為了不讓這些零件被雷達捕捉到。

F-22A的機體內部構造也施加有雷達電波吸收構造，也就是不讓雷達電波反射回去的機制。
（照片提供：美國空軍）

F-22的整個機體構造都有採用提高匿蹤性的技術，這在包覆整個機身的塗料上也不例外。機體的塗裝，會在組裝作業完全結束後，在洛克希德‧馬丁的瑪莉埃塔工廠進行。
（照片提供：美國空軍）

F-22 RAPTOR

空域主宰戰鬥機

關於F-22的用途，美國軍方使用「空域主宰戰鬥機」一詞來形容。過去，與敵方進行空戰來取得制空權的戰機被稱為「制空戰鬥機」（F-15為其代表），可以進行空戰也可以對地面展開攻擊的戰機稱為「戰鬥攻擊機」或「戰鬥轟炸機」（F-16與F/A-18等），而「空域主宰戰鬥機」則是隨著F-22的誕生所創造出來的新類別。這代表F-22可以在最為嚴苛的敵對環境下與敵人交戰，擊破目標，並且存活下來。

這個「空域主宰」任務，是過去「制空戰鬥」的發展形態，從擊潰敵方戰鬥機等空中威脅，到保護我方重要設施，完成戰鬥機所被付予的所有使命，有必要的話甚至還可以進行精密的對地攻擊。以此將戰鬥領域上空敵方的航空行動完全封鎖，讓我方攻擊部隊在不遭遇敵方戰機的狀況下進行任務。而F-22本身也能破壞敵方陣地，剝奪敵方的戰鬥能力。

F-22當初，只設計為進行空對空任務的戰鬥機。但後來要求被賦予活用匿蹤機能的對地攻擊能力，而現在更是被要求追加壓制防空雷達跟地對空飛彈等，敵方防空網的能力。這讓F-22擁有完全主宰航空領域的戰鬥能力，在作戰第1天就能確保制空權，並對敵方重要設施展開攻擊來封鎖敵方的反擊。

在實際作戰任務中F-22會首先出擊，排除敵方的航空威脅來確保制空權，
或是對敵方的地面部隊展開攻擊讓後續部隊可以安全的進行任務。這讓
F-22得到空域主宰戰鬥機的稱號。照片中飛在F-22A後方的是美國空軍的
攻擊機，費柴爾德公司的A-10A雷霆二式攻擊機。
（照片提供：美國空軍）

F-22的戰鬥（1）：空戰

F-22具有高性能的雷達、射程遠的空對空飛彈、還有極佳的匿蹤性，這讓F-22可以進行「先發現、先攻擊、先擊破」的空中戰術。

F-22首先會用雷達從遠距離外來發現目標，就算敵方具有同等性能的雷達，也會因為F-22的匿蹤性而無法發現F-22。反過來說，就是F-22可以透過匿蹤機能來削減敵方雷達的有效距離。只要能先找到敵人，就可以先發射空對空飛彈。而且還是在敵方沒有察覺的狀況下，讓命中機率變得更高。這就是「先發現、先攻擊、先擊破」的戰術。

F-22的空對空飛彈攜帶數量，跟F-4幽靈II還有F-15鷹式一樣是8發。但這些機種是分別搭載4發的可視距離（WVR：短程）飛彈與4發的可視距離外（BVR：中程）飛彈，相較之下F-22通常只會搭載2發的WVR飛彈，剩下的6發則是BVR飛彈。從這個分配數量也可以看出F-22所採取的基本空中戰術。

當然隨著戰況發展，也有可能必須接近敵人來進行戰鬥，此時會使用WVR飛彈與機關砲。據說F-22的匿蹤性，讓它可以在近接戰的時候也不被敵人捕捉，常時擁有極佳的優勢。實際上在過去的演習中，也有過1架F-22用飛彈模擬擊墜8架對手的紀錄存在。

隱形戰機在空戰之中的優勢

雷達截面積（RCS）較小的F-22A

就算敵方戰鬥機裝備有同等的雷達，也能用匿蹤性來削減其實際上的有效探測距離

高探測距離與防止反探測的雷達所能函蓋的範圍

被動式（Passive）感應器的最大探測距離。無需使用雷達也能探測到遠方的目標。

隱形戰機與非隱形戰機的空中對戰。匿蹤機能讓敵方雷達的有效探測距離變短，讓F-22在被敵人探測到之前就先進行捕捉與瞄準，用中程空對空飛彈進行先制攻擊。這個戰術稱為「先發現、先攻擊、先擊破」，只有高匿蹤性的隱形戰鬥機可以執行這種戰術。

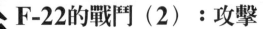
F-22的戰鬥（2）：攻擊

F-22在開發作業的階段就決定除了空對空戰鬥之外，還必具備使用精密導引兵器的空對地定點攻擊能力。不過目前只能攜帶聯合直接攻擊彈藥（JDAM）這種組合全球定位系統（GPS）與慣性導航裝置（INS）的慣性飛行武裝。

JDAM本身沒有裝備推進裝置與機翼，因此必須逼近目標到某一程度之後再進行投彈。而基本上攻擊目標越是重要，其防空系統也越為堅固。要逼近目標到可以進行投彈的距離，勢必得飛越敵方防空雷達的有效範圍，而如果有複數雷達函蓋同一個區塊，任何戰機都免不了被探測到。

F-22的匿蹤性在此也能發揮跟空戰時一樣的優勢。就像削減敵方戰機雷達的有效範圍一樣，F-22可以削弱敵方防空雷達的有效範圍，來規劃出一條沒有被複數雷達所函蓋的飛行路線。這對使用雷達誘導的地對空飛彈來說也有同樣的效果，讓F-22被地對空飛彈攻擊的可能性大幅降低，可以安全的進行對地攻擊，並且平安脫身。

而如果可以使用裝備有折疊翼的滑翔炸彈的話，就能從更遠的地方展開攻擊，讓存活率更加提升。雖然還處於研究階段，但美軍已經計劃運用這些能力來進行「壓制敵方防空網（SEAD）」的任務，F-22被認為在SEAD之中更能發揮它的威力。

隱形戰機在對地攻擊之中的優勢

具有威脅性的
地對空飛彈系統

本來被地對空
飛彈系統所函
蓋的範圍

因為匿蹤機能而被縮小
的地對空雷達的實際有
效範圍

具有威脅性的
地對空飛彈系統

F-22可以削
減敵方雷達
的探測能
力，來創造
出一條通往
攻擊目標的
安全路線

本來被地對
空飛彈系統
所函蓋的範
圍

因為匿蹤機能而
被縮小的地對空
雷達的實際有效
範圍

就跟空對空戰鬥時一樣，F-22的高匿蹤性可以削減地對空飛彈系統的雷達
有效範圍，大幅縮小敵方的探測距離。這樣就算目標被複數雷達所保護，
不得不被發現時，也能規劃出一條安全的路線來接近攻擊目標。

超機動性

越戰時美軍因為交戰規定而與敵方戰機接近來進行空戰，重新確認到戰鬥機一定得具備高運動性能的這個事實，結果創造出了F-15與F-16這些著名的制空戰鬥機。身為後續機種的F-22，同樣也有承傳到這個思想。而身為最新世代的戰鬥機，F-22從一開始就被要求必須具備超越F-15跟F-16的機動性。

F-22的機體造型採用最新的空氣動力技術，加上高推力的引擎，可以完全控制高運動性能的線傳飛控系統，成功超越前一世代戰機的機動性，這個不同次元的運動性能甚至還被稱為「超機動性」。為了將F-22的機動性推向更高的次元，引擎排氣口使用可以上下（二次元性）改變方向的推力偏向式排氣口。這讓F-22可以在超音速跟穿音速等各種不同的速域中，實現傳統戰機所無法進行的動作。另外這也讓F-22可以在空氣稀薄，水平尾翼的效果變差的狀況下，透過改變排氣口的位置來維持優異的運動性。

機體上下俯仰與空氣流動方向所創造出來的角度稱為攻角，一般飛機攻角角度越大，失速的危險性也越高，甚至有可能讓引擎熄火。但F-22在60度以上的攻角也能持續精準的操作性，並且不會有任何引擎方面的問題。這個在大攻角也能持續飛行的能力，是戰鬥機的高機動性不可缺少的項目之一。

F-22優異的運動性被稱為「超機動性」，在大攻角的狀態下也能持續進行穩定的飛行。照片中是測試大攻角飛行狀況時的情景，機身後方裝備了在失速打轉時回復機身狀態用的紅色降落傘裝備，不過在實驗中並沒有機會用到。
（照片提供：美國空軍）

F-22 RAPTOR

超機動下的戰鬥行動

F-22的超機動性，當然會在近距離的空中纏鬥之中為它帶來極大的優勢。空中的近距離戰，也就是所謂的纏鬥（Dog FIght），取得良好攻擊位置的一方將握有勝敗的關鍵，這點從以前到現在都不曾改變過。而良好的攻擊位置，原則上指的是敵人的後方。因此駕駛員在進行纏鬥時，會使出各種機動飛行來想辦法繞到敵機後方。如果雙方使用同一機種的話，就得靠駕駛員的技術來分出高下。

駕駛員的操縱技巧跟判斷力，當然是纏鬥中非常關鍵的因素，但如果機體運動性能高於敵方的話，則可以彌補駕駛員的技術。F-22的話，駕駛員可以用超機動性所帶來的急速翻轉性能跟迴旋性能，來提高取得攻勢位置的機率。況且F-22還可以在其他戰鬥機運動性能減低的低速領域跟超高速之中維持原本的機動性，因此不論是什麼樣的場面都可以把持住戰鬥上的優勢。

F-22另外還有一邊上升一邊轉換方向的J迴旋，以及維持水平姿勢進行緊急迴轉的平面迴旋等，緊急變更機首方向（飛行方向）、緊急降低速度讓敵方瞬間超越自己的飛行技術存在。F-22空中戰的基本，是在敵人察覺自身的存在之前就用飛彈擊落對方，但在近距離的纏鬥之中也可以使用超機動性的飛行技術來維持對自己有利的位置，不讓敵人有任何開火的機會。

具有推力偏向式引擎排氣口的F-22，在空氣稀薄，舵翼效果變差的
15000m以上的超高空，也能維持極高的運動性能。而在一般飛行高度下
也能展現傳統戰鬥機無法辦到的飛行技巧。
（照片提供：洛克希德‧馬丁）

引擎推力偏向

F-22的引擎排氣口，可以將排氣的噴射方向上下調整，屬於二次元性推力偏向噴口。排氣口上下所裝備的壘球板形的偏向板（Flap）可以上下擺動20度的範圍。噴口偏向板若是成水平，排氣就會往正後方噴出，偏向板若是朝下則往下噴，朝上的話則噴出方向往上。在美國空軍之中，F-22是首次將這個系統實用化的戰機。

身為雙引擎（發動機）戰機的F-22將兩具引擎並排，因此如果將偏向板一起往同一個方向擺動，則有助於機首俯仰的操作，如果偏向板各自往不同方向擺動的話則有助於機身翻轉。一般機身俯仰的操作必須仰賴水平穩定翼，但低速且攻角角度大的時候穩定翼效果會降低，讓操作性惡化，此時所有戰機都不得不採取減低攻角的行動。不過如果使用F-22的推力偏向機構的話，據說維持良好操作性的攻角範圍比傳統戰機還要增加10度。翻轉操作時也是一樣，跟噴口固定的引擎相比，翻轉性能最高可以增加50%。

F-22的駕駛員並不須要進行特殊的操作，來改變噴口角度。駕駛艙內並沒有可以控制偏向板的手把存在，而是將控制機能寫入飛控電腦的軟體之中，隨著駕駛員操縱上的須要來自動做出反應。另外，F-22如果停放在地面上沒有啟動電源，則上方偏向板會往上，下方偏向板會往下各自展開到最大的角度。

F-22所裝備的普萊特和惠特尼F119引擎所裝備的推力偏向排氣口，可以將
排氣噴流的方向上下擺動。這張照片使用多重曝光所拍攝，可以看到噴口
的火焰往上方跟下方放射。
（照片提供：普萊特和惠特尼）

超音速巡航

　F-22另一個主要特徵，是稱為「超音速巡航」的超音速巡航能力。現代幾乎所有的噴射戰機都擁有超音速飛行能力，不過卻得用後燃器這個引擎的再燃燒機能來進行加速，並且持續燃燒才能維持在這個速度。後燃器（Afterburner），是引擎後方渦輪後面用來噴射燃料的部位，啟動時可以增加引擎的推力。

　本來引擎燃燒用的燃料再加上噴射用的燃料，啟動後燃器的戰鬥機會大幅消耗燃料。並且排氣溫度會上升，因此也有使用時間上的限制。比如F/A-18C大黃蜂，使用後燃器時燃料消耗量會增加到2.15倍，連續使用時間不得超過15分鐘。

　F-22可以不使用後燃器就加速到超音速，並且維持在這個速度上。因此F-22可以用極少的燃料來進行長時間的超音速飛行。F-22的最高速度據說為2.25馬赫，但要達到這個速度必須使用後燃器才行。不過不使用後燃器時的F-22也能用1.82馬赫的速度進行超音速巡航（經証實的數字為1.72馬赫）。

　實現超音速巡航的其中一個原因，是因為F-22不使用後燃器的乾燥推力比傳統戰機要高，並且空氣阻力非常小。特別是將武裝都收在機身內部這點，對減低空氣阻力有很大的貢獻。

過去的戰鬥機若是不使用後燃器，都無法加速到超音速，但F-22就算不使用後燃器也能靠引擎的乾燥推力來達到超音速，並且維持在這個速度。這個能力被稱為超音速巡航。
（照片提供：洛克希德‧馬丁）

超音速巡航的優勢

超音速巡航的優勢，是可以長時間用超音速進行飛行，來縮短前往戰鬥區域的時間。在短距離的場合，使用後燃器可以更快抵達戰區，不過會耗掉大量的燃料，讓可以停在戰區的時間變短。使用超音速巡航前往戰場，則可以在戰場停留充分的時間。另外也能用這個能力迅速離開戰場，大幅提高生存機率。

在空戰中追擊敵人時，超音速巡航也有它的優勢。敵人如果用後燃器加速，在一開始或許會被拉開些許的距離，但F-22也是使用超音速進行巡航飛行，因此並不會被甩開。而敵人在後燃器使用界限來臨時，將不得不降到亞音速，但F-22還是可以持續用超音速飛行追擊，將敵人捕捉在有效攻擊範圍之內。反過來若是被敵人追趕，因為可以長時間進行超音速飛行，成功甩開敵人的機率將非常的高。

另外，一邊進行超音速巡航一邊發射飛彈，則可以用飛行時的速度加上飛彈本身的加速，來賦予飛彈更大的運動能量。其結果之一，是單純的增加飛彈的有效射程。其二則是一般敵機都會採取劇烈的飛行軌道來躲開飛彈，而如果飛彈具備較大的運動能源，則可以追隨在敵人後方，讓敵機成功回避飛彈的範圍大幅縮小，提升命中機率。

F-22之所以可以進行超音速巡航，是因為配備有推力極高的引擎，並且機身的空氣阻力非常的小。減少空氣阻力跟提高匿蹤性，這兩者所使用的是共通的技術。
（照片提供：洛克希德‧馬丁）

F-35閃電II

　　洛克希德·馬丁在F-22之後持續研發的第5世代戰機,就是這架F-35閃電II。它的外型與F-22類似,但卻是單引擎機。跟F-22一樣具有極高的匿蹤性,還裝備有比F-22更為先進的駕駛艙來提高駕駛員的狀況判斷能力,擁有極高的生存性與戰鬥力。另一方面F-35最大的目標,是改善F-22最大的缺點,也就是得大幅降低造價。開發實驗的作業有英國等8個國家共同參與,以外銷給諸多國家為目標。

　　F-35的主要特徵,是以1種基本類型來發展出3種不同的型態。基本設計是給空軍使用的一般起降(CTOL)型的F-35A,給海軍陸戰隊還有英國空軍、海軍使用的是短距離起飛垂直降落(STOVL)型的F-35B,給海軍用的是艦載型(CV)的F-35C,隨著購買國家的需要,每一種類型都可以外銷。

飛行測驗中的F-35二號機,短距離起飛垂直降落(STOVL)型的F-35B,預定由美國海軍陸戰隊與英國空軍、海軍進行配備。
(照片提供:洛克希德·馬丁)

第 **2** 章

技術導覽

創造出F-22壓倒性戰鬥力的科技，涉及雷達、防禦系統、通訊、導航、識別裝置、感應器等諸多領域。我們將從駕駛艙到機艙蓋、主翼、降落．制動裝置、還有引擎等，一樣一樣解說構成F-22的先進科技。越是深入了解，就越會對F-22那壓倒性的能力感到驚訝。

AN/APG-77雷達

身為F-22眼睛的雷達，是諾斯洛普・格魯曼所研發的AN/APG-77。它是AESA雷達的一種，關於AESA雷達，我們將在下一個項目解說。

AN/APG-77雷達的特徵之一，是快速的光向控制（Beam Steering）系統，可以用極快的速度改變雷達電波的照射方向。這個能力讓F-22可以同時追蹤複數目標，並用空對空飛彈進行交戰。AN/APG-77雷達的最大探測距離並沒有對外公佈，但推測會是比F-15的185km更高的250km。

另外這個雷達還具有稱為NTCR這個可以判別對方機種的能力。NTCR的詳細內容屬於機密事項，但我們推測AN/APG-77應該是使用了可以將捕捉到的目標轉換成高解析圖像的，稱為反向合成孔徑雷達（Inverse Synthetic Aperture Radar）的技術。據說這個機能還可以將影像3D化。初期的F-22所裝備的是只具備空戰機能的雷達，但現在的量產機則是配備AN/APG-77（V）1這種發展型。（V）1型除了追加高解析度的地形圖像機能，還有識別、追蹤地面移動目標的機能，各種空對地模式，進化成可以進行對地攻擊的雷達。不過據說軟體的研發尚未完成，要到2010年左右才會具備完善的機能。

F-22的機首內收納有AN/APG-77雷達。其天線由大約2000個送訊/收訊模組所構成，因此不需要像傳統雷達一樣移動整個雷達表面。這種雷達被稱為AESA雷達，日本航空自衛隊的支援戰鬥機三菱F-2也配備有三菱電機所研發的國產AESA雷達J/APG-1。
（照片提供：上，美國空軍，下，諾斯洛普‧格魯曼）

AESA雷達的特徵

以F-22爲代表的新世代戰鬥機所搭載的雷達,是以前項也有提到的AESA雷達爲主流。AESA是「主動式電子掃描陣列(Active Electronically Scanned Array)」的縮寫,又稱「有源相控陣雷達」。

首先來看「陣列(Array)」,會這麼稱呼是因爲用許多小型的單元來排列成一個完整的雷達,各位可以將它跟雷達畫上等號。「掃瞄(Scan)」指的是天線尋找目標的動作。因此「電子掃描陣列」可以說是「用排列在一起的單元以電子方式掃瞄目標」。那麼,何謂電子方式呢?

過去戰鬥機的雷達天線,爲了涵蓋前方廣大的範圍,採取可以上下左右移動的構造。可是飛行、戰鬥中會產生相當高的負荷,讓雷達轉動的動作變得遲鈍,負荷持續太久的話甚至有可能會故障。因此研發出用電子元件排列成一個完整的天線,並用電子技術控制電波方向的新型雷達。因爲這個新技術,雷達不再須要上下左右改變方向,也改變照射電波的角度。F-22的AN/APG-77雷達由大約2000個電子元件構成,可以涵蓋前方上下左右各60度的範圍。

最後是「主動式(Active)」,這是代表每個電子元件都具備電波的送訊、收訊機能,各個元件都可以成爲獨立的收發訊模具。

洛克希德‧馬丁的F-35閃電II所裝備的是諾斯洛普‧格魯曼所研發的AN/APG-81雷達，跟F-22的雷達一樣是AESA型式。
（照片提供：諾斯洛普‧格魯曼）

波音的F/A-18C大黃蜂裝備的是雷神公司所製作的AN/APG-65雷達。這是用機械來移動雷達照射角度的傳統式雷達，照片中可以看到雷達的運作機構。
（照片提供：雷神）

防禦系統

提高F-22生存性的主要機制，莫過於它的匿蹤機能，不過F-22同時也具備最新的被動式電子探測系統，來提高其防禦能力。這個系統是英國BAE SYSTEMS所研發的AN/ALR-94，其詳細內容並沒有對外公佈。洛克希德‧馬丁只表示「這是F-22裝備之中，技術性最為複雜的裝置之一」。

AN/ALR-94基本上被稱為雷達警戒受訊機，會捕捉敵機所發出的雷達電波。雖然統稱為雷達，但分成有飛機用的雷達，及誘導地對空飛彈所使用的雷達等等，種類非常繁多，週波數當然也都不一樣。據說AN/ALR-94可以涵蓋所有雷達的週波數，探測各種雷達所造成的威脅。探測用的天線似乎超過30個，被埋設在F-22機身各個部位，以涵蓋周圍360度的範圍。它的探測距離超過460km，比AN/APG-77雷達更遠，據說可以將探測到的電波來源判斷為威脅情報，用來搜索敵機的位置。

F-22另外也具備AN/ALE-52熱源施放裝置，可以保護自己不被追蹤熱源訊號的飛彈鎖定。熱源（Flare）指的是小型的火球，射出這些火球在機體遠方創造出高溫的源頭，讓飛彈追蹤熱能訊號的裝置混亂。防禦性裝置另外還有干擾雷達用的金屬薄片，但F-22目前並沒有預定要搭載這類的裝置。

F-22自我防禦手段之一的AN/ALE-52熱源施放裝置，位於主腳架收納部位
前方的機身內，可以放出火球來躲避紅外線追蹤飛彈。
（照片提供：美國空軍）

F-22的熱源施放口位於機身側面武器艙跟主腳架收納室之間。將這個部分
的艙門開啓，就可以放出火球。
（照片：青木謙知）

通訊・導航・識別（CNI）裝置

通訊裝置、導航裝置、識別裝置，是飛機所不可缺少的三大系統，將各項英文的第一個字母組合在一起，我們將它統稱爲CNI裝置。F-22搭載有稱爲AN/ASQ-220的CNI套件，加上具有防竊聽機能的UHF/VHF無線通訊器，有著許多資訊同步裝置。

在資訊同步裝置之中，IFDL（飛行時資訊同步）可以讓F-22在採取編隊飛行時，讓編隊內所有機體共享各機單獨所得到的情報。比方說1架F-22用雷達捕捉到目標，該機若是無法自行處理，則可以將敵機情報傳送給編隊內其他的機體，來提高戰鬥效率。另外還有統合戰術情報分配系統（JTIDS），可以在飛行中與其他飛機（例如空中預警系統管制機）或地面上的指揮所、司令部直接交換資料，來策劃出最佳的戰略或是用最合適的兵器進行支援。

導航裝置，使用兩座具有雷射陀螺儀的LN-100F慣性導航裝置，加上全球定位系統的資訊來實現正確的導航。據說就算攻角超過30度以上的飛行姿勢，這個裝置也能提供極爲正確的導航資料。

敵我識別裝置，是稱爲Mk12的AN/APX-100（V），這是美國三軍標準的敵我識別裝置，許多飛機都有裝備。

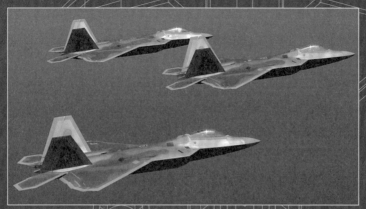

F-22裝備有各種通訊裝置，其中一種是飛行資訊同步系統（IFDL）。這個
裝置，可以讓一架F-22將得到的資訊傳送給編隊內所有的僚機，讓F-22整
個編隊共享所有的情報。
（照片提供：美國空軍）

F-22A具有稱為Link-16的
統合戰術情報分配系統
（JTIDS），可以跟波音
E－3哨兵式預警機
（AWACS）直接交換情
報。
（照片提供：美國空軍）

感應器的融合

　　對於第5世代戰鬥機的特徵，洛克希德‧馬丁推出了「感應器的融合」技術。感應器（Sensor），是我們到目前為止所介紹的雷達、警戒裝置、CNI裝置等，可以得到各種資訊的裝置的統稱，不只F-22，只要是戰鬥機，都會具備種類繁多的感應器。

　　以前的戰鬥機，會將各種情報分別處理，然後顯示在駕駛艙內的各個儀表板上來提供給駕駛員。因此駕駛員必須分別把握這一項又一項的情報，並在腦中進行整合，思考出最妥善的對策。有時某些儀表板上的資訊並不重要，駕駛員必須刻意將這些情報從腦中排除。不過最新的感應器融合技術，可以在各個感應器的軟體中，組合考慮其他感應器資訊的演算法。讓諸多感應器的情報在電腦中成為一個聚合體，從中選出關鍵資訊來顯示在單一畫面上，讓駕駛員可以只靠這個畫面就把握整體的戰術情況。

　　這個融合後的感應器情報，也可以用前項所提到的IFDL來傳送給其他的F-22。得到這份資訊的F-22，會將這份情報於自身的電腦內再次進行整合，讓F-22可以毫不間斷的進行作戰行動。

戰鬥機搭載有各種電子儀器，F-22所採用的感應器融合技術可以將眾多情報進行整合，選出駕駛員真正須要的情報來顯示在儀表面板上。照片中是與波音757改造機進行偏隊飛行，來進行電子儀器測試的F-22。（照片提供：洛克希德‧馬丁）

網路核心戰鬥系統（NCO）

　　將來的軍事作戰中心，會是活用電腦網路的，稱為NCO的作戰系統。這是透過通訊衛星將每一位士兵、戰車部隊、航空母艦、飛機等活躍在戰場上的所有戰力，連接到現場的指揮所、司令部，甚至更進一步的連接到本國內的總司令部的構想，就好比是將公司內所架構的企業網路，放大到整個國家軍隊規模。

　　用網路連接所有戰鬥單位，從偵查衛星的情報到各個戰場狀況都會被送到司令部內，讓指揮官可以依照瞬息萬變的狀況提出適當的作戰計劃。另一方面，就連單獨的士兵也可以取得各種情報，讓他們可以對照周圍的戰況與自身的情況來策劃後續作戰行動，或是查詢有哪個地方須要支援等等。

　　要架構這樣的NCO環境，F-22必須具備資訊同步化的通訊系統，而且還得跟整體網路具有交換情報的能力，與常時都可以維持連線的機能。NCO的構想以美國最為先進，但要將所有戰鬥因素都組合到系統網路上進行統合須要冗長的時間，因此採取階段性的手法來進行作業。新式的裝備，會在設計、開發階段就以NCO為前提，因此身為最新裝備的F-22被期待可以成為NCO的核心。

以網路為中心的戰鬥（ＮＣＯ）概念圖

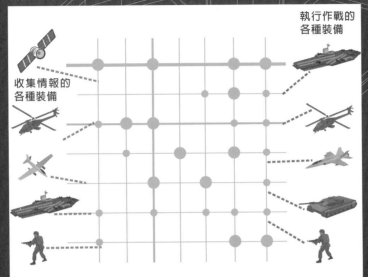

執行作戰的
各種裝備

收集情報的
各種裝備

架構出網格狀的情報網路，讓所有作戰因子都可以互換情報。

以網路為中心的戰鬥（NCO），從宇宙的衛星到前線作戰的士兵，會將所有跟作戰有關的因素用網路串聯。這種網路構築稱為情報網格，圖中雖然只用直線與橫線來表示，但實際上會是聯繫所有一切的複雜構造。原則上會讓所有單位都可以交換情報，但事先去除不必要的資訊也很重要。比方說在伊拉克作戰的士兵，並不須要知道阿富汗的航空作戰，因此可以不用讓雙方交換情報。這個NCO系統相信會是今後軍事活動上極為關鍵的因素。

駕駛艙的概要

　　F-22的駕駛艙完全不使用傳統型的儀表，而是將畫面型的顯示裝置配置在多數的儀表板上。以這種顯示裝置為主的駕駛艙，稱為電腦式駕駛艙（Glass Cockpit）。駕駛艙內的各個裝置我們等下會一項一項說明，在此讓我們來看一下整體的配置。

　　正面儀表板上方是抬頭顯示器（Head Up Display），會顯示戰鬥中所需要的情報。其下方則是鍵盤加上顯示文字、數字的統合型操作面板，左右是稱為正上方（Upfront）顯示裝置的小型彩色顯示器。正面儀表板有著3個大型畫面顯示器，在中央顯示器下方則又有一個顯示裝置。這些顯示裝置是主動矩陣（Active Matrix）式的彩色液晶顯示器，飛行中太陽光的角度時時刻刻都在變化，這種顯示器不管光線來自任何角度都不會讓駕駛員因為反光而看不到顯示內容。

　　而在現代的夜間作戰中，駕駛員都會使用夜視鏡，因此駕駛艙內的亮度也會做出調整，不論是白天還是晚上都維持在駕駛員可輕鬆讀取的等級。為此在顯示器邊緣加裝有使用發光性二極體的照明設備。而各種機外照明，也可以對應駕駛員的夜視鏡做調整。

　　駕駛員座位的左右有著側面控制台，右邊的控制台為操縱桿，左邊控制台為節流閥的手把。

F-22A的駕駛艙配置

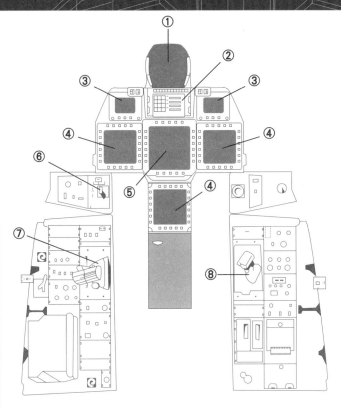

①抬頭顯示器
②統合型操作面板
③正面上方顯示裝置
④次要多功能顯示裝置
⑤主要多功能顯示裝置
⑥起降裝置操作手把
⑦引擎節流閥手把
⑧操縱桿

抬頭顯示器

使用下方投影的方式將情報顯示在儀表板上稱爲組合顯示器（Combiner）的透明玻璃上，這個顯示裝置稱爲抬頭顯示器（HUD：Head Up Display）。過去戰鬥機都會將瞄準器擺在這個位置，在空戰時用來瞄準目標。可是傳統的瞄準器只能讀取目標的方向跟距離，若是駕駛員要得知自身的姿勢、速度、高度，就必須將視線移到下方的儀表板上，讓瞄準作業中斷。因此可以同時顯示瞄準情報與飛行情報的HUD，是現代戰鬥機的標準裝備之一。

F-22的HUD並沒有對外公佈詳細情報，就外觀來看高度大約爲11.4cm，透過這個顯示裝置可以得到的視野爲水平方向左右各30度，上下各25度。顯示內容基本上應該與過去的戰鬥機相同，現在選擇兵器的瞄準情報與狀態（彈數等）、機體的姿態與飛行方向、飛行高度與速度、上升／下降的狀態等各種飛行情報等等。F-22的駕駛艙沒有備用的飛行儀表，雖然等下所記述的前上方顯示器有著等同的機能，但只要HUD沒有問題，駕駛員都會用HUD來取得飛行情報。

具備紅外線影像感應器的戰鬥機，可以將其影像顯示在HUD上，不過F-22並沒有預定要裝備這類的感應器，因此HUD應該也沒有這類的機能存在。

抬頭顯示器（HUD）的顯示例

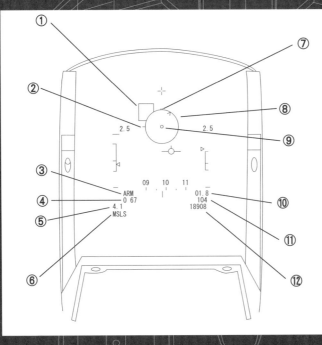

HUD會顯示以下情報。F-22的顯示例並沒有對外公開，在此使用的是
F-16的對空戰鬥模式圖。
①目標指示框
②最大射程標桿
③安全裝置解除標示
④現在飛行的馬赫數
⑤最大負荷數據
⑥飛彈模式選擇標示
⑦最小射程標桿
⑧瞄準圈
⑨飛彈‧砲口瞄準圈
⑩與目標的距離
⑪相對速度（接近速率）
⑫目標的距離（精準數據）

多功能顯示裝置（MFD）

　　F-22的正面儀表板，有3具大型顯示裝置並排，在這些中央顯示器下方則有第4個畫面存在。這4個顯示器可以讓駕駛員依狀況選擇想要顯示的內容，被稱爲多功能顯示裝置（MFD）。中央正面的一具較爲大型，是20.3cm正方，周圍的3具則是15.9cm正方。

　　大型的顯示裝置爲主要多功能顯示裝置（PMFD），一般會用來顯示事先設定的經過點跟飛行路線等導航資訊。這畫面另外還可以重疊顯示出戰鬥行動所需的戰術資料，駕駛員可以用這個銀幕來得到策劃戰術所須的情報。

　　另外3具則稱爲次要多功能顯示裝置（SMFD），可以讓駕駛員依照當時的飛行階段與戰鬥狀況，來選擇自己覺得需要的3種顯示畫面。主要的顯示內容有基於感應器情報的戰術資訊（有攻擊與防禦兩種模式存在）、引擎相關的系統情報、電力等各種系統情報、武裝等搭載裝備相關情報、一覽表等等，通常會在左右的SMFD顯示戰術情報與引擎相關的系統情報，並在下方的SMFD顯示系統情報，不過在進入戰鬥時會將左右的SMFD切換成戰術情報與搭載裝備情報。

　　PMFD與SMFD有完全的互換性，每個畫面都可以顯示所有種類的情報。萬一PMFD故障，可以用其他任何一個SMFD來代用。

主要儀表板上有3個大型畫面，下方則有第4個顯示器。通常這4個畫面會用來顯示以導航跟武裝為首的戰鬥關聯情報，以及各種系統狀況。這張照片是F-22一般展示用的駕駛艙模擬模型的儀表板。
（照片：青木謙知）

【電腦式駕駛艙（Glass Cockpit）】
不只是戰鬥機，現代的許多飛機都不會在駕駛艙內設置傳統儀表板，取而代之的是彩色映像管，或液晶顯示裝置，並在銀幕上顯示各種情報。這種駕駛艙被稱為電腦式駕駛艙（Glass Cockpit）。【Glass】指的是玻璃，意思是用玻璃銀幕來取代傳統儀表板的意思。

統合型操作面板（ICP）

　　HUD的正下方，在正面儀表板中央上方的是統合型操作面板（ICP）。最上面排列有9個功能鍵，左邊下方為一行的訊息顯示器，再下來則有數字鍵盤，其右方則是5行的訊息顯示器。每一行的左邊是讓該行機能啓動的按鈕。

　　這個ICP可以用來設定、切換無線電的週波數、輸入導航資訊、切換自動操作裝置的機能，如果事先輸入好的話，往後只要用1個按鈕就可以進行切換。而選擇機能的決定，採用電腦一般點選兩次的系統，讓駕駛員可以用操作電腦一般的感覺來使用。這個ICP另外也用來操作HUD（切換顯示模式等）。ICP兩邊的轉盤是用來調整HUD與ICP顯示畫面的亮度與對比。

　　比F-22更後來登場的，過去戰鬥機的改良型，許多都會用具備觸控機能的液晶銀幕來取代這些面板，使用較大的顯示畫面，並將數字鍵直接顯示在銀幕上，讓駕駛員用觸碰銀幕的方式來操作。只是F-22開發當初，給戰鬥機用的這個技術並不成熟，因此這個部分的構造還屬於舊型。不過就機能方面來看，還是比傳統的裝置有更多的操作內容，操作本身也變得更爲容易。

駕駛艙中央儀表板上方，由按鈕跟單行顯示器所構成的就是ICP。
（照片提供：德永克彥/DACT）

正面上方顯示裝置

ICP兩側的小型顯示畫面爲正面上方顯示裝置（UFD：Up Front Display），使用7.6cm×10.2cm的長方形彩色液晶顯示器。左邊的UFD會顯示注意／忠告／警報資訊，右邊的UFD則是顯示飛行計器與燃料量，當然也可以由駕駛員自己選擇想要顯示的內容。而就跟MFD一樣，左右的UFD有著完全的互換性，萬一有一邊故障，也可以讓另外一邊顯示最爲重要的內容。切換顯示內容跟各種操作，由畫面下方的3個按鈕來進行。

注意／忠告／警報資訊，最高可以同時顯示12種訊息。這個訊息跟電子式的檢查項目一覽表互動，駕駛員只要按下顯示一覽表的按鈕，就會在下方的MFD顯示一覽表的內容，並同時表示對應方法。若是出現更爲嚴重的問題，則除了銀幕顯示之外還會用聲音進行警告。比方說「Caution-Engine flame out（注意！引擎停止）」。

預備的飛行儀表，會用人工水平線來顯示機體的姿勢、飛行高度、飛行速度等基本飛行資訊。另外還可以常時顯示剩餘的燃料。UFD上方前側，排列有通知引擎火災等意外事故的警報燈。

F-22的駕駛艙是完全的電腦式駕駛艙，用6具顯示畫面來當作儀表板。之中左右上方的小型顯示器為正面上方顯示裝置，用來顯示注意／忠告／警報資訊，或當作預備的飛行儀表板來使用。
（照片提供：洛克希德‧馬丁）

操縱桿與節流閥

在F-22的駕駛艙中，駕駛員的右手邊為操縱桿，左手邊為節流閥。許多機種都將操縱桿放在駕駛員正面，但與洛克希德·馬丁合併的通用動力公司在F-16首次將操縱桿放在駕駛員右側，將側面操縱桿（Side Stick）的系統實用化。這個操縱桿就算施加力道也幾乎不會移動，飛控電腦會用駕駛員所給予的力道（方向跟強度）來判斷駕駛員的操縱意圖。這個系統被稱為力道控制法（Force Control）。

節流閥是用來調整引擎推力的操作桿，F-22是雙引擎戰鬥機，因此有兩根，通常會兩邊一起進行調整，有必要的話也可以各別調整。將節流閥往前推可以提高引擎推力，途中有著後燃器的啟動機制存在。在技術研發用的駕駛艙模型中，另外還有磨擦力道（Friction）調整用的手把，不過實用機體並沒有這項裝備。

側面操縱桿與節流閥上，有許多按鈕跟開關存在，讓駕駛員可以不用將手放開就進行許多操作。這種操作方式稱為HOTAS，F-22的側面操縱桿跟節流閥加起來總共有20個HOTAS操作裝置，組合這些按鈕可以進行切換雷達與選擇武裝等63種機能。

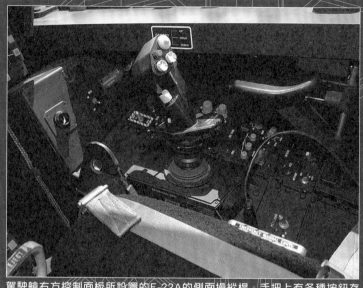

駕駛艙右方控制面板所設置的F-22A的側面操縱桿。手把上有各種按鈕存在，讓駕駛員可以不用放開手把就執行各種操作。
（照片提供：德永克彥/DACT）

【 側面操縱桿（Side Stick） 】
將操縱桿配置在駕駛員側面的Side Stick方式，是通用動力公司在F-16首次實用化的系統。這個方式後來也被民間客機所採用，歐洲的空中巴士公司所研發的A320 Family與A330/A340，還有最新的共兩層艙房超大型機A380等線傳飛控系統的客機，全都採用側面操縱桿系統。空中巴士的側面操縱桿就跟遊戲機的操作手把一樣，可以往各個方向推動。

彈射座椅

　　戰鬥機駕駛員的座位，是緊急時可以進行脫離的彈射座椅。駕駛員若是執行脫離的操作，首先覆蓋在駕駛艙上的機艙蓋會被彈開，然後是座位內的火箭藥柱（Rocket Motor）點火，將整個座位連同駕駛員一起射出機外。F-22的彈射座椅使用的是美國空軍戰鬥機的通用裝備，波音公司所製造的ACESⅡ，不過為了提高脫離時的穩定性，加裝了新的安全固定裝置，並改良降落傘與脫離的時機（起始動作、機艙蓋的拋棄、火箭點火等）。

　　駕駛員進行脫離時，只須將座位前方兩腳之間的黃色手把拉起即可。部分的戰鬥機在側面也會設置手把。若是只看操作本身，裝設在側面會比較方便使用，但脫離時手腕撞到機身而嚴重受傷的案例非常多，　因此F-22只設置在中央。

　　拉起手把之後一切的程序會自動進行，座位的感應器會調查脫離時的速度跟高度，用（1）低高度‧低速度、（2）低高度‧高速度、（3）超高度‧高速度等三種模式的其中之一種來啟動自動執行程序。在超高度脫離時如果氧氣不足會是個問題，因此座位左邊會準備容積820cm^{3}的氧氣瓶。座位整體可以用電動的方式來前後上下移動，讓駕駛員調整到最適合自己體型的位置。

F-22所裝備的ACES II 彈射座椅

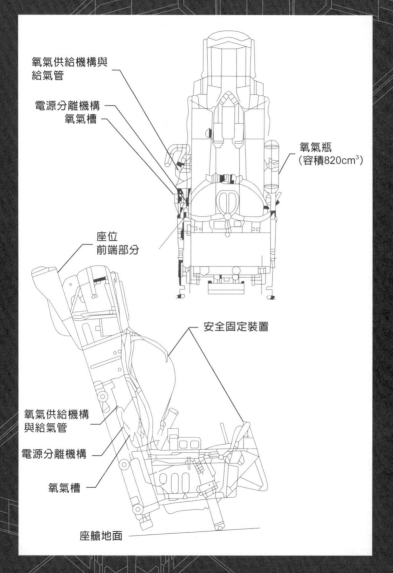

氧氣供給機構與
給氣管

電源分離機構
氧氣槽

氧氣瓶
（容積820cm^3）

座位
前端部分

安全固定裝置

氧氣供給機構
與給氣管

電源分離機構

氧氣槽

座艙地面

機艙罩

F-22的駕駛艙,是由大型的一體成型的機艙罩所覆蓋,並在最後面的部分裝上開合器來上下開閉。關閉時,會先下降到駕駛艙的位置與駕駛艙貼緊,然後微微往前移動來進行鎖定,將駕駛艙完全密封。開啓時則是反轉這個程序。鎖定的操作裝置,位於駕駛艙的右側。機艙罩本身的大小爲長度3.56m、寬1.14m、高68.6cm,重量大約160kg。

機艙罩本身的厚度爲9.5mm,將兩片透明的聚碳酸酯板用加熱熔合的技術相聯在一起所製造而成。爲了抑制機艙內的雷達反射來提高匿蹤性,機艙罩另外還用鍍金的方式來進行塗層包覆。

這種一體成型的機艙罩,據說面對在低空有可能發生的,與鳥類的衝撞時顯得較爲脆弱。F-16戰鬥機同樣也是使用這種一體成型的機艙罩,因此日本航空自衛隊以F-16爲基礎進行大幅的改造來研發F-2支援戰鬥機時,考慮到在任務性質上會進行較多的低空飛行,所以將正面擋風玻璃與機艙蓋分開,來增加強度。

F-22雖然也有考慮到同樣的問題,但實驗的結果顯示F-22的機艙罩在低高度進行高速飛行時,也可以承受1.8kg鳥類的衝撞,因此沒有變更設計。

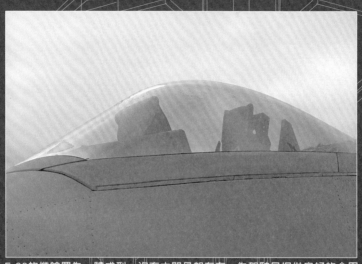

F-22的機艙罩為一體成型，沒有中間骨架存在，為駕駛員提供良好的全周
視野。另外還有一層讓雷達電波不容易進出的包覆體。
（照片提供：青木謙知）

F-22A的機艙罩在後方有著開合器，是將整體舉起來的後開式。
（照片提供：美國空軍）

飛控裝置

F-22的飛控裝置,使用線傳飛控系統(FBW:Fly By Wire)。這種使用電腦的操控裝置不只是戰鬥機,連現在一般客機也都普遍使用。以前的操控裝置是用駕駛員手中的操縱桿,透過導線來直接移動舵翼。因此舵翼會直接隨著駕駛者的動作來移動。另一方面,FBW會先將駕駛員的操作轉換成電子信號,做為電腦的輸入訊號。然後飛控電腦會將駕駛員的操作結合感應器所得到現在飛行姿勢與周圍大氣的狀況(風向與強度等),再來決定舵翼的動作。飛控電腦最後的決定會以電子訊號的形態輸出到動作機構上,讓機體做出實際的動作。

比方說駕駛員想要往右翻轉,使用操縱桿進行操作,但如果電腦判斷這樣會被風向壓退的話,就會改變舵翼的動作來打消風所造成的效果,讓戰機能夠依照駕駛員所想的一樣順利往右翻轉。另外F-22還會依照駕駛員灌注在操縱桿上的力道來計算,要用多少的速度進行翻轉。使用這個操縱系統,可以確保機體運動更符合駕駛員的意思,運動性更高,並且具有不超過機體界限的安全性。F-22的FBW使用4台數位電腦來進行飛行所須要的演算,等於是有4重的後備系統存在。

F-22的操縱系統是使用電腦控制的線傳飛控系統，完全沒有裝備任何舊式的機械操作系統。
（照片提供：洛克希德‧馬丁）

主翼

　F-22的主翼，前緣為42度的後退角（以機體中心線來計算的傾斜角度），後緣為17度的前進角。翼端是短短的直線，與機體中心線成平行。前緣到翼端為筆直的直線，但後緣在抵達翼端之前會將前進角增加為42度，這種主翼形狀稱為「去角翼」。從試作機YF-22的銳角型主翼改成這個形狀，面積雖然相同，但翼幅變得更大，可以減低飛行中的抵抗，並提高運動性。

　主翼，在前緣與後緣設置有可動部分（襟翼）。前緣除了靠近機身的一小部分，是一整片細長的襟翼，為了提高空中纏鬥的運動性，最大可往下翻轉35度。一般都只會往下翻的前方襟翼，會在避免陷入無法飛行的狀態時，於仰角5度，俯角37度的範圍內翻轉。

　後緣的可動部位，內側的稱為副襟翼，外側的稱為副翼。外側的副翼會在翻轉機體時使用，此時左右主翼的副翼會往反方向轉動。可動範圍為上下各25度。副襟翼也稱為揚力裝置，兼具提高主翼揚力的襟翼與副翼的機能。可動範圍是往下最大35度，往上最大25度，當作襟翼使用時兩邊都會往下，當作副翼使用時會與外側的副翼進行同樣的動作。副襟翼另外也會與前緣的空戰襟翼配合轉動，來提高機動性。

從正上方俯看的F-22，可以清楚看到主翼的形狀。前緣為完全的直線，後緣會在接近翼端的部分改變角度，這種形狀的主翼稱為去角主翼。量產機透過改變試作機的主翼形狀，成功提高了運動性。
（照片提供：洛克希德‧馬丁）

這邊也是幾乎從正上方俯看的飛行實驗機YF-22A。主翼不是去角，而是一般的銳角主翼。
（照片提供：洛克希德‧馬丁）

水平尾翼

機身後方的水平穩定翼（尾翼），會用來控制機首的俯仰與機身的翻轉，為了發揮最大的效果，它盡可能的被裝設在最後方，並且比試作機YF-22稍微大了一點，增加了0.18m²的面積，來強化身為舵翼的效果。水平穩定翼沒有任何可動部分存在，不過穩定翼本身可以轉動，這種方式稱為全動式尾翼，從以前就被許多戰鬥機所採用。

最大轉動角度為前緣往上30度，往下35度。左右的水平尾翼若是往同一方向轉動，可以控制機身的俯仰，雙方各往不同方向轉動，則可讓機身翻轉。在翻轉時可以讓主翼的副翼與副襟翼一起配合動作。

水平尾翼呈五角形，前緣與後緣的後退角都是45度，跟主翼前緣的後退角相同。翼端將銳角切除與機體中心線呈水平，翼端後方與水平尾翼後緣的連結線，跟主翼後緣根部同樣為17度的前進角。像這樣跟主翼採取同樣的角度來減少角度種類，有助於提高匿蹤性。

水平尾翼跟它的裝設位置，是從試作機轉移到量產機時產生較大改變的機構之一。YF-22的水平尾翼成梯形，並且從機身後方突出。F-22則是變更尾翼後緣的線條，讓根部配合機身後端的位置。

F-22的水平尾翼，跟現代許多戰鬥機一樣是全動式。照片中左右都是往下
翻轉到最大的狀態，飛行中若是呈現這個角度，可以讓機首朝上。
（照片：青木謙知）

F-22的水平尾翼比試作機更加大型，後緣的線條也作出很大的改變。
（照片：青木謙知）

垂直尾翼

　　F-22的垂直尾翼，跟美國空軍主力戰鬥機F-15鷹式一樣為2枚，採取雙垂直尾翼的構造。不過F-15與機身成垂直，F-22則是往外傾斜28度，這是為了減少雷達截面積，提高匿蹤性。結果讓兩片垂直尾翼上端的間隔，變成比根部還要更寬的5.97m。垂直尾翼本身形狀為單純的梯形，前緣與後緣跟底端的角度統一為22.9度。兩枚加起來的面積在試作機的YF-22為20.26m²，量產機的F-22則是16.54m²，之所以會大幅縮小，也是為了減少雷達截面積。

　　左右的垂直尾翼後方，都有著控制機首左右移動的方向舵存在。方向舵可以在左右30度內的範圍轉動，左右往同一個方向翻轉來改變機首方向。方向舵的面積是較為大型的5.09m²，佔有垂直尾翼3分之1的面積，來確保充分的性能。方向舵也能各自往不同方向轉動。這個機能稱為空力制動（擾流），有著在飛行中增加機體空氣阻力來達到減速的效果，另外也可以在著陸時縮短滑行距離。

　　方向舵可由駕駛艙內駕駛員左右腳所踩的踏板來控制。要當作空力煞車使用時，也可以用節流閥上的按鈕來操作。

F-22的2片垂直尾翼為等腰梯型，左右各往外側傾斜28度。後方有著兼具空力煞車機能的方向舵，其面積佔整的垂直尾翼的大約3分之1。
（照片：青木謙知）

降落・制動裝置

　　F-22的降落裝置採用前腳三腳式這種極為普遍的構造，輪胎也是一腳一個。收放腳架的機構採油壓式，若是在腳架收起時收放機構故障，可以讓腳架以本身的重量下降到正確位置。

　　前方腳架位於駕駛艙正下方，收納時會往前方舉起。另外F-22的腳架具備油壓式的轉向機能，用來在地面行走時改變方向。起飛時輪胎一般都會成筆直的狀態，若是因故收納時沒有呈筆直，也會自動降回到筆直的狀態。

　　主腳架位於機身左右，收納時會各自往外側收起。因此腳架雖然是收在機身內，但輪胎卻是收納在主翼內部。主腳架的輪胎裝有碳纖維製造的防鎖死煞車系統，有著極高的制動力。

　　後部機身下方跟其他戰鬥機一樣，有著制動用的掛鉤，不過為了維持匿蹤性，平時被收在罩子內部，只有在使用時才會從機身露出。這個掛鉤是萬一腳架煞車系統故障，無法進行減速，但又不得不降落時，為了能在跑道上停下所設計的。基地跑道旁邊會準備有讓掛鉤勾住的繩索，在必要時拉起來使用。而為了防止掛鉤沒有勾到繩索，會在另外一邊準備緩衝材來讓機身強制停止。

F-22的主腳架位於中央機體下方，不使用時腳架會收在機身內，輪胎則是
收在主翼內部。
（照片提供：青木謙知）

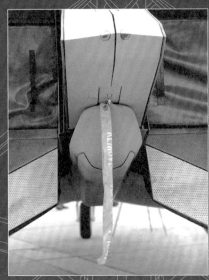

機身後方有著緊急時制動用的
掛鉤，為了維持匿蹤性，平時
會收在特殊的罩子內。
（照片提供：青木謙知）

F119引擎

F-22的引擎，採用兩具普萊特和惠特尼公司製造的F-119-PW-100渦輪扇葉引擎。渦輪扇葉引擎，是在引擎最前方裝設風扇葉，讓流入的空氣一部分被引擎吸入，一部分在通過引擎之後流到外側的構造，兩者空氣的比率稱為分流比。分流比越大（流到引擎外側的空氣量多）消耗燃料就越少，因此一般客機大多採用分流比較大的引擎。不過因此而大型化的扇葉無法收納在戰鬥機的機身內，所以戰鬥機使用的引擎分流比都比較小，F119也只有0.45。

F119引擎裝備有稱為後燃器的再燃燒裝置，啓動後燃器的最大推力為156kN。而不使用後燃器的推力也很高，數據雖然沒有對外公開，但推測是在105kN左右。因為不使用後燃器就能得到較高的推力，讓F-22具備超音速巡航的能力。F119引擎還採用各種新式材料與設計，引擎零件數量比其他戰鬥機引擎減少40%左右，實現了極高的穩定性跟維修性。

引擎的控制，由FADEC這個數位系統來進行。這是將駕駛員對節流閥的操作轉換成電子訊號，用這個電子訊號來控制引擎的引擎版FBW。

F-119是讓通過引擎內部的低壓軸與高壓軸分別往反方向旋轉二軸反轉式
渦輪扇葉引擎，內燃艙使用普萊特和惠特尼所研發的浮動內壁（Float
Wall）式高耐久性內燃艙。
（照片提供：普萊特和惠特尼）

進氣口與排氣口

F-22的引擎進氣口，位於駕駛艙左右的機身兩側。開口處爲菱形，與機身之間有些微的縫隙，這是爲了避免在高速飛行時衝擊波對吸入的空氣造成影響，讓引擎隨時都能得到穩定的氣流。速度超過馬赫2.5的戰鬥機爲了確保適當的氣流，大多採取可動式進氣口，但F-22是完全固定式。就算如此F-22仍舊有著馬赫2.25的最高速度。

進氣口的邊緣爲了維持匿蹤性，使用特別的構造與材料。另外，進氣口到引擎的通道在機身內部扭曲，無法從進氣口正面看到引擎內部。這也是爲了提高匿蹤性的構造。

進氣口的位置，試作機的YF-22是位於駕駛艙中央的位置，到了量產機F-22身上時則後退到駕駛艙後方。這是爲了確保駕駛員能得到良好的下方視野。

排氣口位於機身後方左右，上下由引擎推力偏向板所包圍。這個構造讓F-22擁有前面所介紹的推力偏向機構，讓F-22得到極爲優異的運動性能。另外，排氣口內側表面鈦金屬的部分，施加有由眾多小孔構成的「Titanium Vent Screen」構造，除了維持匿蹤性，還可以提高耐熱性。

機身左右兩邊的進氣口，是有著菱形開口的固定式構造，透過在機身內部彎曲的通道將空氣引導至引擎。
（照片：青木謙知）

F-22的排氣口在上下有著二次元可動的五角形推力偏向板，能夠強化俯仰與翻轉的操作
（照片：青木謙知）

column

F-22的性能規格

F-22的主要規格

● 尺寸

翼展	13.56m	總長	18.92m
主翼長寬比	2.36	總高	5.08m
主翼下反角	3.25度	軸距	6.04m
水平尾翼寬	8.84m		

● 面積

主翼總面積	78.04m^2	襟翼面積（合計）	1.99m^2
主翼前緣襟翼面積（合計）		垂直尾翼面積（合計）	16.54m^2
	4.76m^2	方向舵（合計）	5.09m^2
主翼副翼面積	5.11m^2	水平尾翼面積（合計）	12.63m^2

● 重量

空重	14366kg	機內燃料重量	9979kg
最大離地重量	30164kg		

● 引擎

諾斯洛普・格魯曼F119-PW-100 ×2

後燃器推力　156kN級

● 性能

最大水平速度	無加油作戰半徑
馬赫 2.25（高度45000呎）	450nm（833km）
馬赫 1.40（海面高度）	一般續航距離
最大水平超音速巡航速度	2000nm（3704km）
馬赫 1.82	負荷界限　+9G/-3G
實用升限 19812m	搭乘人數　1名

第 3 章

武裝

F-22為了在作戰飛行中也能維持高匿蹤性，會避免
將武器搭載在機身外部，而收在機身的武器艙內。在
這樣的限制下，F-22到底能攜帶什麼樣的武裝呢。
這章就讓我們來看看空戰所不能欠缺的空對空飛彈、
炸彈、機關砲、以及其他搭載可能性較高的武裝，跟
新時代戰爭所使用的兵器。

F-22的武器艙

F-22為了在作戰行動維持本身的匿蹤性，不會像其他戰鬥機一樣將武裝搭載在機外。除了特殊場合，F-22都會將武裝收在機身左右進氣口內側，以及機身中央下方等共4個武器艙內。

左右進氣口側面較小的武器艙，各可以收納1發的AIM-9響尾蛇空對空飛彈。艙門為上下分割型，從中心線往上下開啟，讓發射裝置伸出機外來將飛彈發射。

機身中央下方的武器艙尺寸遠超過側面武器艙，看起來雖然像是1個大型的武器艙，但其實中間有區隔存在，是兩個武器艙併排在一起。兩個武器艙各自有一片大型的艙門，開啟時會往外翻開。這個武器艙在執行空戰任務時，會各攜帶3發的AIM-120 AMRAAM空對空飛彈。這邊也是一樣會在艙門開啟後將發射裝置伸出機外，然後將飛彈解放。飛彈在離開發射裝置後會點燃火箭藥柱，往目標飛去。不論是哪個武器艙，都會在發射之後馬上將飛彈發射裝置收起，並將艙門關閉。

中央的武器艙也可以搭載導引炸彈。目前為止F-22所能搭載的炸彈，只有使用衛星導航與慣性導航的1000lb（454kg）GBU-32。每個武器艙只能收納1發炸彈，再加上1發的AMRAAM。

在飛行中將機身側面與中央下方的武器艙展開的F-22。實際使用時會在發射前展開，發射完後馬上關閉。理所當然的，在發射武器之前必須將艙門開啓，因此其他戰鬥機只要按下按鈕飛彈就馬上會飛出去，F-22則是在發射前多了將艙門開啓的動作，因此從按下按鈕到實際發射，會有若干的時間差。

（照片：青木謙知）

空對空飛彈（1）：
AIM-9-響尾蛇飛彈

　　AIM-9-響尾蛇飛彈是使用紅外線誘導裝置的空對空飛彈，它會鎖定目標所發出的熱能進行追蹤。航行中飛機溫度最高的部位是引擎的排氣口，因此只要繞到敵機後方能夠直接看到排氣口的位置，就可以提高命中率。響尾蛇是擁有優良運動性的小型飛彈，適合在短距離的戰鬥中使用。

　　現在F-22所裝備的響尾蛇飛彈是被稱為AIM-9M的第3世代，據說彈頭前端的紅外線探測裝置相當敏感，可以捕捉到飛機主翼飛行時所產生的摩擦熱，因此也可以從目標正面發射。而面對妨礙裝置的反制能力也比傳統型要來得高。

　　而響尾蛇飛彈最新世代的AIM-9X，另外還追加了離軸攻擊（Off-Boresight）這個交戰能力。過去的響尾蛇若是沒有用飛彈的感應器捕捉到敵方所發出的熱源就無法發射，但AIM-9X則可以往駕駛員頭戴式瞄準器所對準的方向發射。這種對正前方以外的目標進行攻擊的能力，稱為離軸攻擊。F-22將來也會引進頭戴式瞄準器與AIM-9X，但F-22本身並不是重視短距離交戰的機種，因此這些裝備的優先度較低，還沒有實際被設計到系統之中。

［AIM-9M主要規格］　總長2.90m、彈體直徑12.7cm、翼展0.64m、發射重量86kg、彈頭重量10.2kg、射程8km

---

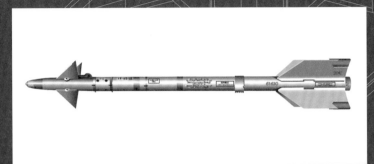

F-22機身側面武器艙所搭載的AIM-9M響尾蛇飛彈。
（照片提供：美國空軍）

發射AIM-9M響尾蛇飛彈的F-22。響尾蛇飛彈現在已經有更新式的AIM-
9X，但F-22還沒有進行配備。
（照片提供：洛克希德・馬丁）

頭戴式瞄準裝置

　　戰鬥機駕駛員的裝備品之中，目前世界各國都在努力研發的是頭戴式瞄準裝置，特別是在新型戰鬥機中，這項裝備越來越普及。這個裝置可以在駕駛員頭盔的護目鏡上顯示跟HUD（抬頭顯示器）一樣的資訊，讓駕駛員可以借此來對目標進行瞄準。

　　使用這個裝備，駕駛員可以捕捉自機正面以外的目標，瞄準後將方位情報傳達給飛彈。而飛彈在發射時就算沒有用感應器捕捉到目標，也會先飛向駕駛員所指示的方向，之後再用感應器捕捉目標來進行追蹤。在這種離軸攻擊（Off-Boresight）之中，頭戴式瞄準裝置可說是不可缺少的裝備。

　　另外，HUD雖然可以讓戰鬥中的駕駛員不低頭看向儀表板也能得知瞄準情報跟飛行資訊，但因為安置在前方面板上方，因此得將視線朝向正面才可以使用。實際飛行中的駕駛員必須時時注意機體各個方向的動向，這在近距離的空戰與低空飛行中特別顯著，讓駕駛員視線離開HUD的時間更長。因此若是能將資訊顯示在頭盔的護目鏡上，駕駛員就能一直看到必要的情報。

　　研發這個裝置最重要的課題，為輕量化。戴在頭上的頭盔會對頸部造成負擔，飛行中產生高負荷時就更不用說。在美國的最新技術之下，整個頭盔的重量被減少到1.9kg。

在美軍戰鬥機駕駛員之間已經實用化的，由波音所研發的頭盔裝備型統合序列系統（JHMCS），具備在護目鏡上投影資訊的機能。F-22計劃今後也會使用這類裝備，但優先度並不高。
（照片提供：美國空軍）

AIM-9的歷史與各種型號

　　捕捉目標所發出的熱能，並且進行追蹤的紅外線導引飛彈，早在1946年就由美國海軍著手進行研發。研發作業在1951年正式得到成果，1953年9月試作型的XAAM-N-7（之後的AIM-9A）首次試射成功決定量產，於是開始製造AAM-N-7（之後的AIM-9B），並於1956年開始配備於部隊。AIM-9B有AIM-9D與E兩種改良型，D型配備給美國海軍，加大主翼面積來提高運動性能的E型由美國空軍所使用。另外還製造有提高運動性並改良感應裝置的第2世代的AIM-9J與AIM-9P。

　　進入1970年代，美國空軍與海軍共同著手研發第3世代的響尾蛇飛彈，製造出可以從目標正面發射的AIM-9L。AIM-9M則是在AIM-9L身上追加防追蹤手段的反制能力，並將火箭藥柱無煙化。目前製造的則是具備極高運動性能，還可以進行離軸攻擊的AIM-9X。

　　就像這樣，響尾蛇飛彈不斷改良，長久下來一直在第一線被使用著。結果不只是美國空軍、海軍，連世界各國軍隊都有引進，成為標準性的紅外線導航空對空飛彈。日本航空自衛隊也有讓戰鬥機裝備到AIM-9L為止的各種響尾蛇飛彈。近年雖然開始使用獨自研發的國產空對空飛彈（AAM-3、AAM-5），但並沒有完全淘汰響尾蛇系列。

AIM-9響尾蛇飛彈第一世代的各種類型。從上開始為AIM-9B、AIM-9D、
AIM-9C。AIM-9C採用雷射誘導方式，但並沒有實用化。
（照片提供：美國海軍）

最新型的響尾蛇飛彈AIM-9X。組合頭戴式瞄準裝置，可以發揮離
軸攻擊能力（Off-Boresight射擊），對傳統瞄準範圍外的敵人發
射，不過還沒有配備給F-22使用。
（照片提供：雷神）

空對空飛彈（2）：
AIM-120 AMRAAM飛彈

AIM-120是美國空軍、海軍在1975年開始共同研發的中程空對空飛彈，計劃名稱爲AMRAAM，這個代號也直接成爲這種飛彈的暱稱。

AMRAAM計劃的主要目的是爲了研發取代AIM-7麻雀中程空對空飛彈，除了必須比麻雀飛彈具備更高的速度、射程、運動性，具備對電子妨害等阻礙能力的反制機能外，重要的是還得擁有主動式雷達導引系統。主動式雷達導引是指飛彈本身具備完整的雷達機能，戰機用本身的雷達情報指定目標後，同樣的資訊會傳達給飛彈，讓飛彈在發射後用自身的雷達繼續追蹤目標。這種「射後不管」機能，讓戰機在發射飛彈後可以自由行動。

F-22將AMRAAM收納在中央武器艙內，因爲必須在有限的位置中各收納3發，因此中央的飛彈會往前錯開。不過就算如此空間還是不夠，得使用將本體飛行翼前端切下的AIM-120C，以及其改造版本的AIM-120C-4/-7。

[AIM-120C AMRAAM 主要規格]總長3.65m、彈體直徑17.8cm、翼展0.44m、發射重量157kg、彈頭重量22kg、射程50～70km

---

裝備在F-22 AMRAAM專用懸掛裝置上的AIM-
120C。打開武器艙門後吊臂會伸出機外並放開飛
彈，飛彈會在開始落下的同時點燃火箭藥柱。
（照片提供：Edu）

發射AIM-120C AMRAAM的F-22
　（照片提供：美國空軍）

美軍中程空對空飛彈的歷史

　　美國在1940年代末期開始研發射程超過20km的中程空對空飛彈，美國海軍首先在12.7cm火箭彈裝上電波誘導裝置，用乘波導引的方法在1947年展開實驗。可是要搭載這種導引裝置火箭彈彈體太細，因此設計出直徑20.3cm的新型彈體，在1952年首次進行試射。對此實驗結果進行更進一步改良，在1956年實用化的就是AAM-N-2（後來的AIM-7）麻雀飛彈。只是乘波導引的飛彈必須用目視瞄準來進行發射，對射程造成限制。因此計劃出麻雀II等數種改良型，只是因為技術方面的問題都沒有實用化。

　　另一方面在1951年，半主動式雷達導引的方法問世，技術方面實用化也沒有問題，裝備這個系統的麻雀III於1958年開始配備於美國海軍，就此成為空軍與海軍制式的中程空對空飛彈。半主動式雷達導引，是戰機自身雷達發出電波之後，由飛彈前端的天線來接收反射回來的電波，借此讓飛彈朝反射源前進。因此戰機在發射飛彈到命中目標的這段期間內，得一直將目標捕捉在雷達之內，若是尚未命中目標就停止對目標照射雷達電波的話，飛彈就會失去導引機能。對於從正面橫向飛過的目標，這個缺點尤其明顯。因此為了彌補這個問題，今日中程飛彈的主力改成可以「射後不管」的AIM-120 AMRAAM。

發射AIM-7M 麻雀飛彈的F-15C。在AMRAAM實用化之前，麻雀都是中程
空對空飛彈的主力。
（照片提供：美國空軍）

AIM-7麻雀系列的最新型AIM-7M，強化了面對電波妨礙時的反制能力。
（照片提供：美國空軍）

GBU-32 1000lb JDAM

　研發作業進行到一半時，軍方決定賦予F-22使用精密導引兵器進行對地攻擊的能力。因此而被選中，且是F-22唯一允許搭載的炸彈，爲GBU-32。GBU-32是美國空軍與海軍共同研發的精密導引炸彈，是JDAM（聯合直接攻擊彈藥）系列的成員之一，彈體使用1000lb（454kg）的Mk83一般炸彈。

　JDAM，是爲了讓戰鬥機能配備比雷射導引炸彈更爲便宜的精密誘導炸彈所研發。因此JDAM採用將過去已經存在的一般炸彈當作彈體，裝設上導引設備工具組的手法製造。這個導引工具組，分成全球定位系統（GPS）與慣性導航裝置（INS），控制滑翔飛行的飛控電腦所構成的導航部分，以及能夠讓炸彈穩定落下，稱爲箍翼（Strake）的小型飛行翼，導航部分裝在彈體最後方，箍翼則裝在彈體中央。

　使用JDAM進行投彈時，會先將投彈目標的資訊輸入戰機，等戰機的轟炸電腦顯示可以投彈後，駕駛員再將炸彈投下。投下後JDAM的導航電腦會持續從GPS衛星取得目標資訊，來朝著指定位置落下。若是GPS的訊號停止，則會朝著INS所設定的目標前進。這個導引方式與雷射導引相比命中精準度較低，但卻具有便宜，可以大量生產，大量使用的優勢存在。

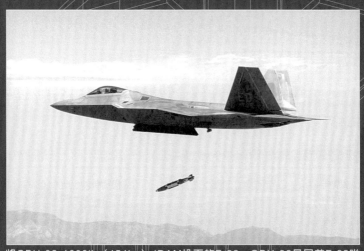

將GBU-32 1000lb（454kg）JDAM投下的F-22。GBU-32是目前F-22唯一可以搭載的對地攻擊兵器。
（照片提供：美國空軍）

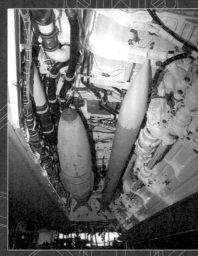

機身中央武器艙內與AIM-120C併排的GBU-32。F-22的武器艙可以收納各一發的GBU-32與AIM-120C。
（照片提供：美國空軍）

GBU-39 SDB

持續進行研究，在JDAM之後F-22可以搭載的炸彈，是屬於SDB（小直徑炸彈）的GBU-39。GBU-39基本上跟JDAM使用一樣的導引系統，不過新研發的彈體重量只有250lb（113kg）。這個彈體直徑只有19.0cm，也是SDB這個名稱的由來。

SDB與JDAM最大的不同，是本身具備滑翔用的飛行翼。這個飛行翼在收納於武器艙時會完全收起，於投下時展開，其翼展有1.38m。這個飛行翼與飛機的主翼一樣具有揚力，可以讓SDB像滑翔翼一樣往目標飛行，大幅延長有效距離。據說如果從超高度進行投擲，最遠可以命中75km外的目標，而且投下的炸彈有半數以上可以精準命中目標半徑3m內的範圍。而在強化前端的同時也裝設可以延後爆炸的延遲信管，具備貫穿厚度1m的鋼鐵強化水泥的能力。

F-22會將這個SDB裝在稱為Smart Rack的炸彈架上，並搭載於中央武器艙內。一個Smart Rack最多可吊掛4發SDB，一個武器艙可以收容1個Smart Rack，因此F-22最大可搭載8發。而就跟GBU-32 JDAM一樣，另外還可以各再加裝 1發的AIM-120 AMRAAM。

裝備於波音F-15E鷹式機身下方的GBU-39 SDB。彈體下方併排的兩片白色長方形就是滑翔翼的部分，會在投彈之後展開滑翔。
（照片提供：美國空軍）

吊掛在Smart Rack上並收納於F-22機身下方武器艙的GBU-39。1個武器艙可以容納4發的GBU-39，有必要的話可以再追加一發的AIM-120C。
（照片提供：美國空軍）

何謂精密導引炸彈

炸彈這種兵器，本來並沒有推進裝置存在，是投下之後自己隨著重力掉落的武器。因此丟下的那一刹那就已經決定會掉落在哪裡，要正確命中目標必須掌握極短的有效投彈時間，要讓單一炸彈命中目標更是須要神乎其技的技術加上環境良好的配合。因此實際進行轟炸時會將大量的炸彈一口氣投下，其中只要有幾發命中目標就好。這種戰術稱為地毯式轟炸，執行這個戰術的轟炸機必須在機身內搭載大量的炸彈。

可是地毯式轟炸波及無辜地區的可能性極高，對攻擊一方來說也是投資成本大於作戰成果。因此研發了「導引炸彈」這種具備導引裝置有較高的命中精準度，只用少數炸彈就能造成關鍵性打擊的新式炸彈。有些甚至使用攝影機跟紅外線探測裝置做為導引系統，會依照目標特性來使用。而雷射導引式炸彈則不論是哪種目標都可以使用，並且還有著最高水準的精準度。

雷射導引式炸彈我們會在下一章解說，不過美國在1965年就已經著手研發這類型的炸彈，於越戰首次使用。這一系列被稱為寶石路（Paveway）炸彈，現在已經研發出具備伸展式控制翼並改良導引用電子系統的寶石路Ⅱ，以及提高雷射光感光範圍來增加使用範圍的寶石路Ⅲ，會依照作戰內容跟目標性質與JDAM分開使用。

使用2000lb（907kg）一般炸彈Mk84做為彈體的導引炸彈GBU-15。前端
具備光學式導引裝置，分成影像（照片）導引型與圖像紅外線導引型兩
種，依照需求分開使用。
（照片提供：美國空軍）

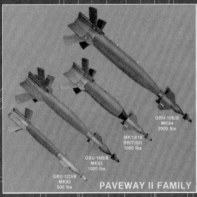

雷射導引式炸彈寶石路II的各種類型，
其最大的特徵，是前端的可動式導引裝
置。
（照片提供：雷神）

雷射導引炸彈的優缺點

　　就像前項所說的，轟炸的代表性精密導引炸彈為雷射導引式炸彈。1991年在波斯灣戰爭中美軍使用大量的精密導引炸彈進行定點轟炸，向世界展現了極高的命中精準度。雷射導引炸彈的原理，是用雷射光線照射目標，將炸彈投在雷射光線從目標反射回來的範圍內（通常是反圓錐狀），讓炸彈前端的雷射探測裝置捕捉這道反射光來往目標前進。因此只要用雷射照射裝置捕捉到目標，炸彈就能用極高的精準度命中反射源。

　　雷射導引方式有著比全球定位系統（GPS）更高的導航精準度，被認為是最適合進行定點轟炸的兵器。不過它也有著幾個缺點。

　　第一是必須用雷射照射目標，因此須要有其他飛機，或是地面士兵的支援。也可以由轟炸機自己攜帶雷射照射裝置，不過這樣會讓炸彈搭載量減少。另外雷射光也會受到天氣的影響。如果目標上空是陰天的話，就必須在雲層下方的低高度進行投彈，增加轟炸機被防空系統擊中的危險。另外戰場的煙霧跟沙塵也會影響雷射光線，讓命中精準度變低。而導引裝置昂貴也是缺點之一，因此現在會與精準度較差但是較為廉價，使用範圍較廣的GPS導引兵器併用。

研發給F-117A隱形戰機專用的雷射導引炸彈，GBU-27/B寶石路Ⅲ。為了可以容納在F-117的武器艙內使用小型的飛行翼，配上強大的貫穿式彈頭。寶石路Ⅲ改良過感應部位，不再須要像寶石路Ⅱ一樣為前方可動式。（照片提供：美國空軍）

要使用雷射導引炸彈，必須攜帶指定目標的雷射系統莢艙。照片內為其中一種的AN/AVQ-126 Pave Tack System，由F-111F攜帶。（照片提供：Ford Aerospace）

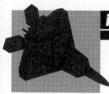

GPS導引兵器的抬頭與其種類

　　一開始被研發成爲軍用高精準度導航系統的GPS，現在已經被民間活用在汽車導航系統與地圖測量上面。GPS定位系統會從環繞在地球周圍的人造衛星接收電波，來把握現在的位置，美國總共有大約30個GPS人造衛星，只要能從之中接收到3道電波來交叉定位，就能用極高的精準度把握現在位置。

　　GPS的普及讓收訊器價格越來越低廉，再加上精準的定位，讓它開始被使用在兵器的導引裝置上。代表例雖然是JDAM炸彈，但其他也有研發出許多裝備GPS定位系統的兵器。在此介紹之中特別重要的兩項。

　　其一是被稱爲AGM-154 JSOW（聯合遙攻武器系統）的滑翔式炸彈。JSOW本身不具備推進系統，但可用大型的伸展式主翼來進行長距離滑翔，滑翔中會透過GPS來進行導航。從超高度發射，能夠持續飛行超過75km以上。可由F-16與F/A-18等戰鬥機，或是B-1轟炸機來裝備。

　　另一個則是AGM-158 JASSM（聯合空對地遙攻飛彈），它與JSOW不同，具備小型的渦輪噴射引擎來當作推進裝置。會在發射後展開主翼與尾翼，在GPS的導航情報下與戰鬥機一樣進行飛行，往目標前進。其飛行速度大約爲馬赫0.9，最大射程爲370km。JASSM同樣會由F-16與B-1等戰鬥機、轟炸機來使用。

將GPS使用在滑翔導引系統上的AGM-154 JSOW，雖然跟飛彈有著同樣的名稱記號，但本身卻不具備推進系統，是滑翔式的炸彈。
（照片提供：美國海軍）

可進行長距離飛行的AGM-158 JASSM，會用GPS與INS誘導裝置飛行到目標附近的指定位置，在最終階段用紅外線影像探測裝置捕捉目標。彈體下方有著伸展式的飛行翼，照片中為收起的狀態。
（照片：青木謙知）

AGM-88 HARM

以擊潰防空雷達、地對空飛彈誘導雷達為目標的飛彈，被稱為反雷達飛彈，美軍的最新型為AGM-88。其代號為HARM，是High-Speed Anti Radiation Missile（高速反輻射《電波》飛彈）的縮寫。

HARM是繼JDAM、SDB之後，預定將成為F-22所能搭載的第3款對地攻擊的飛彈，今後將會進行搭載與運用的測試。要使用反雷達飛彈，必須前進到敵人防空範圍之內，是危險性極高的任務，但活用F-22特有的匿蹤性，可以比其他機種更順利的完成任務。

AGM-88在發射之後，會以慣性導引裝置往目標前進，並在捕捉目標所發出的雷達電波的同時，用馬赫2的速度往發訊源高速前進。另外研發有使用GPS跟INS來取代慣性導引裝置的AGM-88D，也正在研發會在最終階段自動捕捉目標的AGM-88E。就算目標在途中停止放射電波無可追蹤，AGM-88E也會確實的往發訊源前進。這種最新式的AGM-88E被稱為先進反輻射導彈（AARGM）。雖然尚未決定F-22會搭載哪一種HARM，但最新式的AARGM應該會是相當有力的候補。

[AGM-88A **主要規格**]
總長4.17m、彈體直徑25.4cm、翼展1.13m、發射重量366kg、彈頭重量65.8kg、最大射程48km以上

AGM-88 HARM 高速反雷達飛彈，具備馬赫2以上的高速飛行能力。預定
將成為F-22所能搭載的武裝之一。
（照片提供：美國空軍）

AGM-88之中最新型的AGM-88E AARGM。
（照片：青木謙知）

美軍反雷達飛彈的歷史

　　美國在1963年開始正式研發專門攻擊敵方雷達陣地的反雷達飛彈。流用麻雀空對空飛彈的彈體，在前端裝設捕捉雷達電波的裝置，讓飛彈可以自己往發訊源前進。這款飛彈稱為AGM-45 百舌鳥，1965年在越戰中首次被使用。將百舌鳥往敵方大致上的方向發射，如果能在飛行中捕捉到電波就會往發訊源前進，如果沒有捕捉到電波，或是電波在中途中斷，就會喪失目標。

　　隨著越戰越演越烈，這種飛彈的使用頻率也越來越高，但同時也讓發射戰機損害越來越大。因此而著手研發的，是流用標準艦對空飛彈的AGM-78標準型。導引方式基本上跟AGM-45相同，但感應裝置可以捕捉到目標的範圍更大。而因為是以長程飛彈為基礎進行改造，射程也比AGM-45更長，讓戰機被擊墜的機率降低。只是AGM-45與AGM-78的飛行速度並不快，被攻擊的一方如果察覺到飛彈來襲，可以停止雷達電波來讓飛彈跟丟攻擊目標。

　　美國另外也研發了沿用響尾蛇空對空飛彈的AGM-122 Side Arm，可由對地攻擊機或直昇機搭載。只是Side Arm體積效小欠缺破壞力，製造數量並不多。

越戰中，使用反雷達飛彈進行壓制敵軍防空網任務的F-105G。右邊主翼
下方為AGM-45百舌鳥，左邊主翼下方為AGM-78標準型。
（照片提供：美國空軍）

搭載各種空對地攻擊兵器的波音F-4G"野鼬（Wild Weasel）"左邊主翼
外側為AGM-45百舌鳥，右邊主翼內側為AGM-78標準型，這些武裝都因
為反雷達飛彈HARM的實用化而退役。
（照片提供：美國空軍）

117

M61 20mm 火神砲

　F-22的機內標準裝備,為一門M61A2 20mm火神砲。這款機關砲是美軍戰鬥機所採用的標準機關砲,許多機種都使用稱為M61A1的款式。F-22因為得將機關砲安裝在主翼根部附近,因此研發出加長砲管的A2型。

　火神砲是將6根20mm口徑的砲管以圓型排列,一邊逆時鐘高速旋轉一邊供給彈藥,從轉動到發射位置的砲管來發射砲彈的機關砲。如果只有一根砲管,必須經過給彈、射擊、排出彈殼等程序,射擊會因此而出現空窗期,如果有6根砲管進行旋轉的話,射擊位置以外的砲管可以進行排彈作業,來縮短射擊間隔。因此M61 20mm火神砲可以在每分鐘內發射4000發到6000發,最大則可發射高達7200發的砲彈。F-22的機身內可以搭載480發的20mm機關砲砲彈,若以最大速度發射,會在4秒多的時間內就將所有彈藥射完。因此駕駛員只能扣下極短時間的槍機,分成數次來進行射擊。

　過去戰鬥機都將砲身前端安置在機身開口處,但F-22卻將開口處覆蓋,只有在射擊時才會打開。這是為了避免砲口部分反射雷達電波,維持匿蹤性而採取的構造。

F-22的M61 20mm火神砲為砲管加長型的M61A2，裝備在主翼前方右側的機身內。砲口部分平時會被蓋住，只有射擊時才開啟。照片中為開啟砲口的狀態。
（照片提供：美國空軍）

A61A2的組成

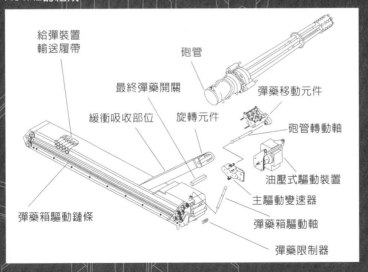

給彈裝置
輸送履帶

砲管

最終彈藥開關

彈藥移動元件

緩衝吸收部位　旋轉元件

砲管轉動軸

油壓式驅動裝置

彈藥箱驅動鏈條

主驅動變速器

彈藥箱驅動軸

彈藥限制器

機關砲的必要性

隨著空對空飛彈問世，並且急速發展，1960年代出現了未來空戰將只使用空對空飛彈來進行，戰鬥機不再須要機關砲等槍械類的飛彈萬能說。實際上研發給美國海軍使用的F-4幽靈Ⅱ身上並沒有裝備機關砲。可是越戰時基於交戰守則，戰鬥機不得不接近敵機來進行空戰，讓軍方再次認識到機關砲的重要性，讓後來的戰鬥機重拾機關砲這項裝備，將1門的20mm火神砲列為標準性武裝。

這個思想當然也承傳到最新戰鬥機的F-22身上。使用長程空對空飛彈從遠距離擊落敵機，雖然是F-22的基本戰術，但有時也必須與避開飛彈直逼而來的敵機進行纏鬥，或是像越戰那樣因為交戰守則不得不進行近距離戰鬥的場面存在。

就算進行近距離戰鬥，F-22也裝備有短程的AIM-9響尾蛇空對空飛彈，可以進行飛彈攻擊。但如果飛彈命中時距離太近，有可能被目標破片波及，讓F-22自己也受到損傷。此時如果使用機關砲，敵機破片飛散的可能性極小，可以確保自身的安全。因此不管飛彈再怎麼發達，目前軍方仍然維持將機關砲列為標準裝備的方針。

當初研發F-4幽靈Ⅱ時，戰鬥機被認為可以使用空對空飛彈進行所有戰
鬥，因此不須要機關砲，實際上F-4也並沒有配備機關砲（最後生產的E型
與F型裝備有M61）。可是現實中的空戰還是有必須用到機關砲的場面存
在，因此在機身下方裝備機關砲莢艙。
（照片提供：美國空軍）

副油箱

基本上F-22會將武器收在機身的武器艙內，機外完全不搭載任何的裝備，不過左右的主翼上還是設置有4個機外裝備專用的懸掛點。這些懸掛點裝設有通往油箱的管線，可以加裝機外油箱（副油箱）。副油箱可以在進行長距離移動時，或是不須要匿蹤性的長距離戰鬥中使用。另外也可以在副油箱內部燃料用完時，將副油箱拋棄。

一個副油箱最大可以容納600加侖（2271公升）的燃料，而F-22最大可在所有懸掛點上裝備總共4個的副油箱。F-22並沒有對外公佈機內燃料容量，但從預定重量所推算的資料大約為7500公升，若是裝備4個副油箱，總燃料量大約會增加到2.2倍左右。

另外F-22於駕駛艙後方有著空中加油用的開口存在，也可以用空中加油的方式來增加飛行距離。空中加油方式為美軍標準的飛桁（Flying Boom）式。這是由KC-135與KC-10等空中加油機的機身後方伸出長長的硬管，並由加油機的操作員將其插入戰機加油口內的空中加油方式。

在不須要匿蹤性的長距離戰鬥任務中，F-22會在左右機身內側的懸掛點各裝備1個副油箱，並在外側的懸掛點各裝備一份2連發的AIM-120 AMRAAM莢艙，以此為捨棄匿蹤性的長距離標準戰鬥型態。

2007年2月佈署於日本沖繩縣嘉手納基地美軍第一戰鬥航空團的F-22A。
各機從美軍本土直接飛來，雖然途中有接受空中加油，但全機都在左右機
翼內側裝備有1個副油箱。
（照片：青木謙知）

在進行長距離移動時
F-22A雖然可以裝備副油
箱，但也可以使用空中加
油的方式來增加飛行距
離。照片中的空中加油機
為波音公司KC-10A
Extender。
（照片提供：美國空軍）

AMRAAM的運送方式

　F-22在進行長距離移動時最大可裝備4個副油箱，此時也可以一起空運AIM-120 AMRAAM。這是在主翼裝備副油箱的懸掛點上加裝飛彈吊架（Pylon）這個追加裝備，將AMRAAM裝在副油箱上方飛彈架左右的方法。此時AMRAAM彈體中央的4枚飛行翼之中會有3枚與副油箱及主翼互相干涉，因此會先拆下來收在武器艙內。這個狀態下飛彈吊架並沒有裝備發射用的電路，因此沒辦法發射運送中的AMRAAM。

　F-22可在機身內的武器艙收納6發的AMRAAM，這個能力在進行長距離運輸時也沒有改變。因此F-22最大可以運送14發的AMRAAM到自己所佈署的地點。

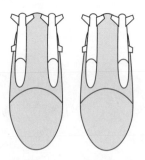 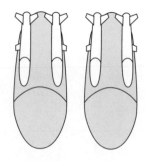

將AMRAAM裝備在副油箱上的運輸方法。

第 4 章

F-22誕生的歷史

使用多種最新科技打造，擁有世界最強戰鬥力的F-22，是在什麼樣的過程中研發出來的呢。本章將追溯到1973年的ATF計劃，依序說明為了飛行審查所研發的YF-22與YF-23熾烈的競爭，以及F-22的現狀。

ATF計劃的誕生

　　F-22是美國空軍的「先進戰術戰鬥機」計劃所研發出來的成果。美國空軍在1973年1月開始ATF的相關研究，此時的定義為「可以在中高度活動的高亞音速戰鬥機」。不過計劃在1970年代之中好幾次重新審議，在1984年末期才訂出了基本要求。性能面必須有800英哩（1280km）的活動半徑，馬赫1.4～1.5的超音速巡航能力，總重量50000lb（22680kg）前後，除此之外還得具備先進的飛控裝置與電子儀器、匿蹤性、新世代引擎等等。

　　而在某一時期也出現以ATF單一機種取代美國空軍跟海軍所使用的F-14、F-15、F-16、F/A-18等所有構想。可是空軍戰機與海軍戰機的通用化極為困難，空軍內部對於ATF單一機種的概念也抱持疑問，因此並沒有被實現。

　　美國空軍於1985年9月，要求7家戰鬥機製造商提出滿足以上要求的機體設計案，波音、通用動力、洛克希德、麥克唐納‧道格拉斯、諾斯洛普等5家製造商在1986年1月的要求期限內提出回答。1986年5月，從五家公司的設計案中選出最為優秀的2家以試作機進行評比，來選出最後的得標者。於是在1986年10月31日選定洛克希德與諾斯洛普的設計案，正式進入測驗機的評比作業。

在美國空軍展開ATF計劃相關研究的同時，許多廠商都公佈了將來戰鬥機的假想圖。照片中是洛克希德‧馬丁較為初期的假想圖，組合前置翼與三角翼。不過後來研究發現並不須要這種構造，因此轉而研究其他方向性的機體。
（照片提供：洛克希德‧馬丁）

對於新型戰鬥機所引進的技術，美國空軍與NASA（美國國家航空暨太空總署）進行了各種評估測驗。照片中為NASA使用波音F-15鷹式所改造的先進操縱技術統合測驗機（ACTIVE），裝備有前置翼與推力偏向式排氣口。
（照片提供：NASA）

F-22的前任戰機F-15鷹式

ATF所研發機體的定義，在1970年代中被變更了好幾次，最後定案成可以成爲麥克唐納‧道格拉斯（現在的波音）F-15鷹式後續機種的戰鬥機。使用精密導引兵器進行對地攻擊的能力，是更後來才追加的項目。

F-15是美國空軍在1969年12月所採用的新式戰鬥機。身爲單座的長距離迎擊戰鬥機，F-15具備極爲優秀的高速機能與加速性，並且反省從越戰中所得到的教訓，被賦予極佳的空戰能力。因此F-15是架雙引擎的大型戰鬥機，擁有馬赫2.5的最高速度，並且可以搭載8發空對空飛彈。

F-15的原型機在1972年7月27日首飛，之後持續以12架前置量產機進行飛行測驗，於1974年11月14日開始配備給美國空軍部隊。一開始製造機種爲單座型的F-15A與複座型的F-15B，1979年5月改爲生產發展型的F-15C（單座）與F-15D（複座）。F-15C／D的外型雖然與A／B相同，但電子儀器經過改良，燃料搭載量也更高。而不管是哪種機型，服役期間都有持續進行升級。

日本也在1977年12月28日，採用F-15來成爲航空自衛隊的新戰鬥機。這個以F-15C／D爲基礎的日本專用規格被稱爲F-15J／DJ。美國空軍的F-15A／B／C／D各型加在一起共有894架，航空自衛隊則引進了213架F-15J／DJ。

ATF計劃最後被定義為可以取代美國空軍主力制空戰鬥機F-15鷹式的後續機種。F-15雖然比較大型，卻具備極高的運動性能與強大的雷達，除了美國空軍之外，也被日本航空自衛隊採用成為主力戰鬥機。照片中為美國空軍的F-15C。
（照片：青木謙知）

日本航空自衛隊也將F-15鷹式採用為主力戰鬥機。照片中這架是隸屬於福岡縣築城基地第8航空團第304飛行隊的F-15J。
（照片提供：日本航空自衛隊）

飛行審查的流程

　　就像別項所介紹的，美國空軍在1986年5月決定從各家製造商所提出的計劃案中選出最爲優秀的兩家，用比較性飛行審查來決定最後的優勝者。飛行審查不只會審核文件，還會讓試作機實際進行飛行來確認其能力，以確實選出最爲優秀的一方。這個作業被稱爲Demonstration／Validation（展示／證實。Dem／Val），兩家公司爲此所製造的試作機被稱爲Dem／Val機。

　　另外，美國空軍承諾讓各家製造商在這個Dem／Val作業中，可以組成團隊。結果波音與通用動力、洛克希德組成一個團隊，麥克唐納·道格拉斯與諾斯洛普組成另一個團隊。各家公司雖然都會提出自己的計劃案，但若是團隊中其他成員的機體被選中，就會改成協助被選中的廠商研發該架機體。這樣就算自家公司的計劃案沒有被選上，也能參與研發作業，迴避完全落選的風險。

　　最後洛克希德與諾斯洛普的計劃案被選中，在其團隊成員的協助之下展開Dem／Val作業，洛克希德的機體被稱爲YF-22，諾斯洛普的機體則被稱爲YF-23。引擎則由通用電子與普萊特和惠特尼兩家公司進行提案，將兩家公司的引擎分別搭載於Dem／Val機上來一起進行審查。

美國空軍在選擇ATF的採用機體時，會先給予兩家企業試作機的製造契約，進行飛行審查來判斷其優劣。為了能同時測驗引擎性能，洛克希德與諾斯洛普各製造了2架YF-22（下）與YF-23（上）。
（照片提供：美國空軍）

【 比較性飛行審查 】

美國空軍在選定所要採用的機種時，會先用文件審查，然後再讓選出來的兩家製造商製造飛行測驗機來進行實際飛行測驗，比較雙方的性能。近年用這種方式選出來的案例有洛克希德的F-16戰隼（競爭對手為諾斯洛普的YF-17），費柴爾德的A-10雷霆二式攻擊機（競爭對手為諾斯洛普的YA-9）。用試作機進行飛行審查會耗費較大的成本，但可以確實了解每一架飛機的優缺點。

Dem/Val機 YF-22

洛克希德的Dem／Val機（展示／證實）機YF-22的公開時間，是在競爭對手YF-23首次飛行的2天之後的1990年8月29日。另外，YF-23的首次公開日期爲1990年6月22日。YF-22雖然與YF-23一起在1986年10月31日被選中，但在實際公開機體前完全沒有發表任何想像圖，一直到首次公開時大家才得知它們的容貌。YF-23最後在競賽中落敗，所以無法推測其量產機會是什麼樣子，但量產型的F-22與試作機的YF-22有著相同的機體組成。

YF-22與YF-23都製造了兩架Dem／Val機，分別搭載兩家引擎製造商所製造的測試用引擎。YF-22的1號機搭載通用電子的YF120，2號機則搭載普萊特和惠特尼的YF119，YF-23則是1號機搭載YF-119，2號機搭載YF-120。YF-22不論是1號機還是2號機，都具備有二次元性的引擎推力偏向裝置，YF-23卻因爲排氣口在機身後方上部，因此爲固定式。

YF-22的1號機在9月29日，2號機在10月30日首次飛行。YF-23的2號機則是在這之間的10月26日首次飛行。這個飛行審查的重點在於確認匿蹤性跟運動性，並不要求要發射武器，因此YF-23在展示飛行時沒有搭載任何武裝，而洛克希德則是自發性的在2號機身上搭載AIM-9M與AIM-120來進行試射，証實了其武器使用能力。

ATF讓通過文書審查的兩家製造商製作實際評估用的試作機，並進行飛行審查來比較兩機的性能。洛克希德│馬丁為此製造了兩架YF-22，讓1號機（遠）裝備通用電子的YF-120引擎，讓2號機（近）裝備普萊特和惠特尼的YF119引擎。
（照片提供：美國空軍）

【YF-22A的規格】

翼展13.11m、總長19.56m、總高5.41m、主翼面積78.0m^2、垂直尾翼面積（合計）20.3m^2、水平尾翼面基（合計）12.4m^2、空重14062kg、最大起飛重量26309kg、機內最大燃料重量9979kg、最高速度馬赫2.0（高度9144m）、實用昇限15240m以上、降落滑行距離1067m、機內燃料行動半徑1389～1482km、氣壓負荷限制+7.9G、速度馬赫1.8的最大氣壓負荷+6G、搭乘人數1名。

YF-22的飛行實績與勝利

　　YF-22的2號機在1990年12月27日，1號機在隔天的28日完成Dem／Val（展示／證實）階段的最終飛行，結束了Dem／Val所有的比較作業（YF-23的最終飛行為12月18日）。在這次作業中YF-22的1號機進行了43次共52.8小時，2號機進行了31次共38.8小時的飛行。YF-23則是2機加在一起進行了50次共65小時的飛行。

　　YF-22首先在11月13日進行第一次的超音速巡航，記錄了馬赫1.58的最高飛行速度。2號機則是在12月27日最後的飛行進行超音速巡航，留下馬赫1.43的記錄。另外1號機在11月15日首次使用排氣口的推力偏向機構進行飛行。1號機另外還被使用在大攻角的飛行測驗上，於12月10開始，17日結束。這段期間內，1號機一直都將回復飛行姿勢的降落傘裝在機身後部上方，準備在陷入失速或打轉時使用。而1號機也在最後的飛行中留下Dem／Val作業中的最高飛行速度（馬赫2以上）與最大飛行負荷（+7G）。

　　美國空軍在測驗飛行作業結束4個月後的1991年4月23日公佈審查結果，宣佈YF-22的勝利。YF-22被選中的理由並沒有詳細發表，但據說是因為YF-22身為戰鬥機的整體性能較高。據說如果只看匿蹤性能，則是YF-23較為優秀。美軍同時也發表將使用普萊特和惠特尼的引擎，在此正式決定由F-22組合F119，進入製造研發階段。

YF-22在飛行審查之中證明自己的匿蹤性與運動性都維持在極高的水平，身為戰鬥機有著極佳的完成度。
（照片提供：美國空軍）

在ATF的選評中，機體決定為YF-22A，在同時進行的引擎審查之中則是普萊特和惠特尼的YF119擊敗通用電子的YF120，成為與YF-22配合的引擎。
（照片提供：普萊特和惠特尼）

YF-22與F-22的不同

在Dem／Val（展示／證實）階段為了進行評估所製造的YF-22，以及研發技術與製造工程（EMD）階段後成為量產機型的F-22，除了細節部分之外機體形狀幾乎沒有改變。這表示在試作階段機體設計就有著極高的完成度。

YF-22與F-22外型上的不同，過去各章也有提到，在此再來整理一次。

（1）主翼增加寬度，並改變翼端形狀。

（2）水平尾翼改變平面形狀，尾翼根部與機體最後處於相同位置。

（3）小型化的垂直尾翼與舵翼。

（4）進氣口開口位置往後錯開。

（5）稍微延長的引擎排氣口之間的尾樑。

（6）較為圓滑的機首。

這些改造都是為了提高身為戰鬥機的能力，並且確保高性能的匿蹤性。另外YF-22的駕駛艙內只有5具儀表板跟簡單的抬頭顯示器，跟F-22相比構造較為單純。

F-22後來在9架EMD機之後又製造了6架量產型準備測驗機，然後正式進入量產階段。電子儀器內部的軟體在製造中階段性的升級，相信今後也會持續改版作業，但機體外型與種類一直以來都維持不變。

YF-22A的三面圖

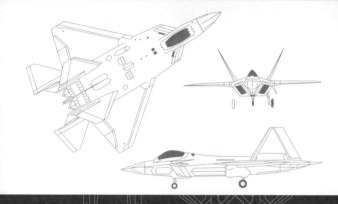

F-22A的三面圖

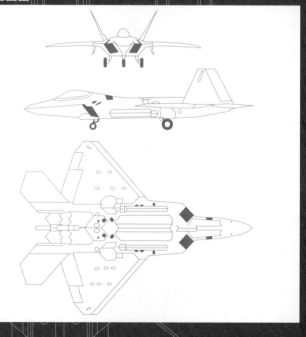

不斷被刪減的F-22生產機數

美國空軍將先進戰術戰鬥機（ATF）定義為制空戰鬥機F-15的後續機種時，計劃將生產750架。可是在1980年代到1990年代初期，隨著東歐的民主化與蘇聯的瓦解、東西德統一等世界局勢的劇烈變化，讓二次世界大戰結束以來一直持續的東西冷戰迎接終局，美國也開始大幅刪減國防預算並縮小軍隊規模。ATF計劃當然也逃不過這個影響，在洛克希德被選為生產企業的1991年，配備機數已經被減為648架。

F-22的配備機數後來也持續被刪減，1994年1月被刪減到442架，1997年5月339架，2001年295架，2003年276架，而在2004年12月終於被刪減到初期4分之1以下的180架。被刪減得這麼嚴重的主要理由，是因為F-22的造價極為昂貴，以及冷戰結束讓美國所面對的威脅性質不再相同。另外，美國政府所同意的配備機數雖然是180架，但在2008年因為預算的關係又追加了3架，2009年的年度結算中再追加4架，最終成為187架。

美國空軍主張，要維持空軍世界性的作戰能力，最少要有381架的F-22。但因為可能性太過渺茫，只好表示願意縮小到243架。後來國防部長蓋茨表示將在湊齊187架之後停止生產，讓F-22的追加生產陷入絕望性的狀況。

F-22當初的構想是配備750架，但現在卻被削減到1/4以下的183架。美國空軍主張要維持作戰能力最少要有381架的F-22
（照片提供：美國空軍）

F-22的機體造價

　　講到F-22時，與它的高匿蹤性以及高性能一起，最常被討論的話題，就是它昂貴的造價。F-22身上使用前面各章所介紹的最新科技，造價不便宜也是理所當然。不過F-22卻不是普通的昂貴，它的造價甚至是前任者F-15的兩倍以上，這也是它配備機數被刪減的最大原因。而沒有大量生產更使得單價無法壓低，結果陷入想要壓低成本也沒有辦法的惡性循環之中。

　　軍用機的機體造價每年都會不同。基本上只要製造期間越長，就越能發揮量產效果來壓低製造成本，不過同一機種有時也會突然進行大幅的升級變得比以前更貴，因此也不一定是後來的年度就一定會比較便宜。但就F-22來看，基本上造價是持續下降，還沒有回升過。

　　目前為止所發表的年度會計的平均造價，2001年的年度會計為大約1億8千萬美金，2002年的年度會計為大約1億6500萬美金，2003年的年度會計為大約1億4000萬美金，2004年的年度會計為大約1億3000萬美金。不過在這之後價格很難再有下降，因此應該會持續2004年年度會計的價格。若要將價格壓得更低，必須要進行外銷，不過追加生產的可能性已經被斷絕，因此也不用再去考慮能不能外銷的問題。

F-22最大的問題，是極為昂貴的造價。跟剛開始量產時相比，現在的造價便宜了大約3成左右，不過就算如此，也是前任機種F-15的2倍以上的價格。

（照片提供：美國空軍）

消失的F/A-22

　　F-22在研發作業進展到一半時，決定被賦予使用精密導引兵器來進行對地攻擊的能力。這是爲了讓F-22擁有眞正的航空主宰能力，讓F-22只憑自己就能去除空中與地上的所有威脅。不過爲了不損害到F-22的匿蹤性能，對地武裝必須是可以收納在機內武器艙的兵器，而爲了維持本來的制空能力，也必須同時搭載空對空武裝才行。結果選擇GPS／INS導引的GUB-32 JDAM導引炸彈來成爲F-22的對地攻擊武裝。

　　這款導引炸彈的追加，讓F-22成爲可以執行制空任務與對地攻擊任務的戰機，而機體名稱也因此而有所改變。在美國空軍之中，戰鬥機使用「F」作爲任務代號，攻擊機使用「A」作爲任務代號。而美國海軍的戰鬥攻擊機大黃蜂則是首次同時使用這兩種記號的「F/A-18」，因此精通空戰又被賦予對地攻擊能力的F-22也效法這個作法，在2002年9月將機體代號改成「F/A-22」。可是在2005年12月，當F/A-22就要被承認進入作戰體制的同時，名稱卻被改回原來的F-22。理由雖然沒有對外公佈，但據說是空軍內部對於由海軍開始使用的「F/A」代號有著強烈的反感與對抗心理。別說是美國，世界各國的軍隊就算是對自國的其他軍種，也抱持著強烈的自尊與對抗心理。美國空軍之所以會拒絕「F/A」的代號，應該也是基於這個原因。

F-22在研發過程中決定被賦予使用精密導引炸彈來進行對地攻擊的能力，
名稱也一度變更為代表戰鬥攻擊機的F/A-22。但卻隨著第一批實戰部隊，
美國空軍第1戰鬥航空團第27戰鬥飛行隊被承認進入初期作戰體制的同
時，將名稱改回F-22。
（照片提供：美國空軍）

波音 F/A-18大黃蜂是美軍第一架使用代表空戰，對地攻擊的「F/A」代號
的機種。可是這個代號卻沒有被得到對地攻擊能力的猛禽所繼承。
（照片提供：美國海軍）

競爭對手・諾斯洛普公司的YF-23

　　跟YF-22爭奪ATF採用機體的寶座的，是諾斯洛普公司所提出的YF-23。YF-22的機體形狀是繼承過去戰鬥機的路線，反過來YF-23的機體造型卻極為新穎，是過去所不曾出現的類型。主翼前緣的後退角與後緣的前進角相同，是幾乎成菱形的平面。這種菱形主翼，是諾斯洛普公司從1980年代就開始研究的對象之一。尾翼不像傳統戰鬥機是組合垂直與水平，而是將兩枚大型尾翼以接近水平的角度裝設在尾部，移動整片尾翼來達成方向舵與升降舵雙方的機能。飛控裝置與YF-22相同，是4重的數位線傳飛控系統。

　　這種獨特的機體造型，是為了達成優異的匿蹤性，實際上若是只看匿蹤性的話，YF23得到比YF-22更高評價。另外YF-23為了避開地面的紅外線探測，將引擎排氣口裝設在後部機體上方，來阻斷從下方而來的熱源探測。不過這也讓YF-23沒有辦法使用推力偏向系統，在運動性方面成績不如YF-22。

　　YF-23的主要性能規格為翼展13.28m、總長20.55m、總高4.24m、主翼面積83.6m^2、最大離地重量28132kg。

與YF-22進行飛行審查的YF-23，有著極為新穎的機體造型。
（照片提供：諾斯洛普・格魯曼）

第 5 章

F-22的製造與編制部署

F-22目前只佈署於美國空軍，由第1戰鬥航空團、第49戰鬥航空團、第53航空團、太平洋空軍、第412實驗航空團等單位進行運用。其目的從實戰到訓練、測驗等等。本章將會將焦點放在配備有F-22的部隊身上，以及F-22的製造過程。

F-22 RAPTOR

F-22佈署的歷史

相當於F-22最早量產機型的技術及製造研發（EMD）機，在1997年首次飛行。當初的計劃是製造11架EMD機，之中兩架為複座型的F-22B。可是因為經費的刪減，F-22決定不製造複座機型，改成只製造9架單座型的F-22A。最後的EMD9號機，在2002年4月15日首次飛行。

EMD量產機的主要目的，是提供各種技術實驗與實地測驗所使用，全機配置給美國加州愛德華空軍基地的測驗部隊。原型機分解後經由陸路運送到愛德華空軍基地，於現場組裝之後於1998年5月20日再次展開飛行。

EMD測驗機後繼所生產的6架量產準備測驗機（PRTV），是為了進行配備給部隊使用之前的最終測驗，主要被使用在稱為IOT&E的初期實驗與評價上。這個作業以美國內華達州奈利斯空軍基地的測驗部隊為中心來進行。PRTV的原型機在2002年10月12日首次進行飛行，於10月23日編入美國空軍之中。

正式的量產型，首先配置給佛羅里達州Tyndall空軍基地的訓練部隊。於2003年9月23日開始交機。編制好1個訓練飛行部隊之後，正式開始進行配置給實際作戰部隊的作業，維吉尼亞州的Langley空軍基地，阿拉斯加的Elmendorf空軍基地，新墨西哥州的Holloman空軍基地都在此時以F-22來展開部隊編制。

美國空軍之中，首先配備F-22的是愛德華空軍基地，身為測驗部隊的第412測驗航空團。照片中是為了技術與製造研發所生產的原型機，垂直尾翼上的「ED」是第412測驗部隊的部隊標誌。
（照片提供：洛克希德·馬丁）

F-22進行了多種新技術測驗。照片中是2008年9月所進行的，使用混合噴射燃料與天然氣所精製出來的新燃料，來進行空中加油的實驗。實驗中證明使用這種新燃料也可以順利飛行。
（照片提供：美國空軍）

航空戰鬥軍團

　　美國空軍之中，實際使用戰機進行作戰的組織，稱爲航空戰鬥軍團（Air・Combat・Command）。以前雖然分成戰略航空軍團與戰術航空軍團，但隨著軍事組織的縮減，另外也因爲戰略作戰與戰術作戰之間的區分越來越曖昧，於是在1992年6月將作戰組織單一化。航空戰鬥軍團除了有實際進行作戰的轟炸機、戰鬥機、攻擊機等部隊存在，另外也有情報收集機與偵查機、早期空中預警管制機（AWACS）等，用來支援航空作戰的飛行部隊存在。

　　就組織面來看，航空戰鬥軍團以4個航空軍（其中之一沒有下游組織，只具備司令部機能）與航空戰鬥中心所構成，實際進行作戰任務的是隸屬於航空軍的各個部隊。基本上會在每個基地編制航空團，每個航空團一般由2～4個飛行隊所構成，不過也有一些航空團具備更大的規模。許多航空團都會統一旗下部隊所使用的機種，不過也有一部分例外存在。航空戰鬥中心，則是以改良、發展各種現用機種的研究性部隊，以及研發戰術的部隊所構成，演習時擔任假想敵的部隊也會編制在這個組織內。

　　航空戰鬥軍團所運用的飛行器大約爲600架，必要時國民兵航空隊跟空軍預備役軍團所佈署的飛行器也會一起進行活動。因此美國空軍目前的航空戰力，高達1750架以上，是世界最大的航空戰鬥集團。

航空戰鬥軍團是美國空軍實際執行作戰任務的組織，配備有戰鬥機、攻擊機、轟炸機等各種戰鬥用的航空器。照片下方的是F-22A，左邊為F-15E、右邊為F-15C、F-22A後方的則是A-10A。
（照片提供：美國空軍）

航空戰鬥軍團也有轟炸部隊存在。照片中是今日配備數量最多的轟炸機，擁有可變後退翼的波音B-1B Lancer。
（照片提供：美國空軍）

第1戰鬥航空團

作戰部隊首先佈署F-22A的，是位於維吉尼亞州Langley空軍基地，航空戰鬥軍團旗下的第1戰鬥航空團。第1戰鬥航空團以1918年所編制的美國陸軍第1作戰群爲源頭，就如同部隊編號一樣，是美國空軍歷史最悠久的第一線航空戰鬥部隊，這個單位總是第一個配備最新式的戰機。

第1戰鬥航空團從2005年4月開始配備F-22A。第1戰鬥航空團旗下有3個由F-15C/D所構成的戰鬥飛行隊，首先由之中的第27戰鬥飛行隊開始將機種更新爲F-22A，在湊足規定數量之前的2005年12月15日，就被認定擁有初期作戰能力。等到2006年1月中旬第27戰鬥飛行隊湊齊規定機數後，接著由第94戰鬥飛行隊的F-15C/D開始進行機種汰換，於2007年1月達成規定數量。第1戰鬥航空團的F-22A佈署計劃到此告一段落，結果讓第1戰鬥航空團由配備F-22A的第27以及第94戰鬥飛行隊，以及配備F-15C/D的第71戰鬥飛行隊所構成，於2007年12月12日認定第1戰鬥航空團的F-22A飛行隊具備完整的作戰能力。

另外，第1戰鬥航空團的第27戰鬥飛行隊於2007年2月，進行了F-22A第一次的海外佈署，將12架F-22A移動到日本沖繩縣嘉手納基地。第27戰鬥飛行隊於嘉手納基地停留到5月10日，在這3個多月中進行了大約600次的飛行任務，並且與日本航空自衛隊的戰鬥機進行共同訓練。

航空戰鬥軍團旗下的部隊之中，最先配備F-22A的實戰部隊，是在垂直尾翼印上「FF」代號的Langley空軍基地第1航空團。之中有2個飛行隊配備有F-22A。
（照片提供：洛克希德‧馬丁）

第1戰鬥航空團旗下的2個飛行隊都將機種汰換成F-22，但剩下來的第71戰鬥飛行隊到現在還是配備波音F-15C/D鷹式。
（照片：青木謙知）

第49戰鬥航空團

佈署在新墨西哥州Holloman空軍基地的第49戰鬥航空團，是從2008年8月6日開始佈署F-22A的部隊，另外也是戰鬥航空軍團旗下第2個配備F-22A的戰鬥航空團。第49戰鬥航空團的根源，可以追溯到第二次世界大戰中所編制的美國陸軍航空軍第49追擊（迎擊）航空群，改成配備轟炸機的1958年曾一度解散，但在1965年再次被編制成戰鬥機部隊，之後一直到今天都配備有美國空軍的主力戰鬥機。特別是在1992年被指定爲配備隱形戰機F-117A的部隊，之後一直在2008年4月22日F-117A從美國空軍除役的這段期間內，都是運用這個特殊機種的唯一部隊。因此第49戰鬥航空團得到新世代隱形戰機的F-22，可說是理所當然的安排。

當時配備F-117A的第49戰鬥航空團，由訓練F-117A駕駛員的第7戰鬥機駕駛員訓練部隊，以及身爲作戰部隊的第8、第9戰鬥飛行隊所構成。而在汰換成F-22A的同時，第7戰鬥機駕駛員訓練部隊被改名爲第7戰鬥飛行隊，現在也持續F-22A的配備作業。等到第7戰鬥飛行隊分配到足夠的F-22A之後，預定將由第8戰鬥飛行隊配備F-22A，第9戰鬥飛行隊將進行解散。第49戰鬥航空團目前將持續進行所屬駕駛員的飛行訓練，以在2009年11月1日完成作戰編制爲目標。

第2個成為F-22A部隊的是航空戰鬥軍團旗下第49戰鬥航空團。垂直尾翼
上的標誌為「HO」，並在下方寫著部隊名稱的49th FW。
（照片提供：美國空軍）

部署於Holloman空軍基地的第49戰鬥航空團，是唯一運用初代隱形戰
機，洛克希德　馬丁F-117的唯一部隊，在開始配備F-22A的同時，
F-117A已經全數退役。
（照片提供：美國空軍）

第53航空團

　　第53航空團雖然是航空戰鬥軍團旗下的部隊，但並不屬於實戰部隊，其上游組織為美國空軍空戰中心，是用來進行研究、開發、測驗、以及評估的特殊部隊。因此機數雖然不多，但配備有美國空軍所運用的所有機種，以進行裝備品跟搭載武裝的研發測驗跟運用實驗。航空團的司令部雖然在佛羅里達州的Eglin空軍基地，但指揮下的部隊會以各個機種編制成不同的測驗評估飛行隊，隨著機種不同，進行活動的基地也不同。配備有F-22A的是第422測驗評估飛行隊，佈署於內華達州的奈利斯空軍基地。該部隊於2003年5月12日開始配備F-22A。

　　第422測驗評估飛行隊除了F-22A之外，還配備有A-10A/C攻擊機，F-15C/D與F-16C/D戰鬥機，F-15E綜合任務戰鬥機，以所有機種的作業為任務。這些作業雖然是新型機在實用化之前所進行的實驗性作業，但在該機種實用化之後，也會持續進行新兵器的追加、研發，還有各種機內硬體與軟體的升級、測驗等作業，其任務內容相當多元。

　　經過這些作業之後，確認其有效性的機能會由實際配備的部隊引進，以持續提升作戰機種的能力。另外第422測驗評估飛行隊也擔任各種機種的戰術研發，其成果同樣會反應到實戰部隊身上。

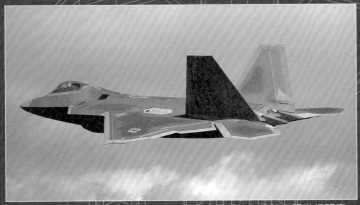

不只是F-22，第53航空團會對美國空軍所有種類的作戰航空器進行研究、
開發、測驗、評估等作業。F-22A的許多量產準備測驗機（PRTV）也是
由該部隊進行運用。
（照片提供：洛克希德·馬丁）

奈利斯空軍基地，隸屬於第53航空團第422測驗評估飛行隊的F-22A。機
身側面與下方的武器艙處於開啟的狀態。
（照片提供：美國空軍）

第57航空團

就跟第53航空團一樣,美國空軍空戰中心旗下部隊另外還有第57航空團。這個部隊的司令部位於內華達州奈利斯空軍基地,會進行分成敵我雙方以接近實戰環境來進行演習的「Red Flag」任務。實際進行Red Flag演習的是第414戰機駕駛員訓練飛行部隊,而擔任假想敵的第57假想敵戰術航空群也在同一個指揮系統下。

第57航空團的指揮下,還有美國空軍武器學校,F-22A於2008年1月9日開始配備於這邊的第433武器飛行隊。

美國空軍武器學校的任務,是對擁有各機種教官資格的駕駛員,教導該機種所搭載的武器使用方法跟戰術。學習的一方在此雖然是學生身份,但都是具備教官資格的資深駕駛員,這些駕駛員會在此學習更為先進的兵器運用方法,並在結束課程之後教授給實際作戰部隊的駕駛員們,藉此提高整體駕駛員的技巧。

美國空軍在成立不久的1940年代末期就開始進行這類的教育,最早是以射擊學校的身份被設立。因為當時還沒有空對空飛彈存在,因此教導的是使用機關槍跟機關砲來擊墜敵機的技術跟戰術。等到空對空飛彈發展到一定程度之後,部隊名稱改成美國空軍戰鬥機武器學校,在1992年戰鬥航空團誕生之後也開始教育轟炸機駕駛員,並且改成現在的名稱。

配備於第433武器飛行隊的F-22A，目前只有1架，使用在武器運用法等教育用途上。
（照片提供：美國空軍）

第57航空團的指揮下，有著在演習中擔任假想敵的第57假想敵戰術航空群，該航空群旗下有3個飛行隊，運用戰機為波音F-15鷹式、洛克希德‧馬丁F-16戰隼。照片中是第64假想敵飛行隊的F-16C。
（照片提供：美國空軍）

太平洋空軍

　　美國空軍的許多作戰部隊都佈署於美國本土，不過也有
一部分是位於日本等外國國土上。太平洋地區跟歐洲地區
的部隊有著獨自的部隊編制。其中擔任太平洋地區的組織
爲美國太平洋空軍。編制有佈署於夏威夷以及其他美國境
外太平洋地區的部隊，但在1992年6月進行大規模的組織
改組時，阿拉斯加的部隊也被編入到太平洋空軍的管轄
內。司令部一樣是位於夏威夷的希肯空軍基地。太平洋空
軍的部隊除了希肯空軍基地的第15空中運輸航空團，會在
每個佈署地區編制獨立的航空軍，航空軍旗下則佈署有航
空團等作戰部隊。其編制如下：

· 第5航空軍（司令部：日本·橫田基地）、第18航空團
　（嘉手納基地）、第35戰鬥航空團（三澤基地）、第
　374空中運輸航空團（橫田基地）

· 第7航空軍（司令部：韓國·烏山基地）、第8戰鬥航空
　團（群山基地）、第51戰鬥航空團（烏山基地）

· 第11航空軍（司令部：阿拉斯加Elmendorf空軍基
　地）、第3航空團（Elmendorf空軍基地）、第354戰鬥
　航空團（Eielson空軍基地）

· 第13航空軍（司令部：Guam島Andersen空軍基
　地）、第36基地航空團（Andersen空軍基地）
　第13航空軍只有組織存在，並沒有配備任何航空器。

太平洋空軍的部隊，在阿拉斯加、夏威夷、Guam、韓國、日北設置有基地。照片中是阿拉斯加Elmendorf空軍基地戰機排列的陣容。
（照片提供：美國空軍）

佈署於日本青森縣三澤基地的第35戰鬥航空團，也是隸屬於太平洋空軍的部隊之一，由配備洛克希德‧馬丁F-16C/D戰隼的第13戰鬥飛行隊與第14戰鬥飛行隊所構成。
（照片提供：洛克希德‧馬丁）

 # 第3航空團

　　佈署於阿拉斯加Elmendorf空軍基地的第3航空團，是由戰鬥機、運輸機、早期空中預警機（AWACS）等飛行隊所構成的混成型航空團。這個部隊的起源是1919年所編制的以監視爲主要任務的部隊，後來在第一次世界大戰與第二次世界大戰中以陸軍攻擊隊的身份展開活躍，之後也持續維持戰鬥部隊的性質來進行活動。越戰結束後爲了能在太平洋維持一定的抑制力，又以第3戰術戰鬥航空團的身份駐守於菲律賓的Clark空軍基地。可是1991年6月皮納圖博火山爆發讓基地無法使用，再加上美軍決定從菲律賓撤退，因此在1991年12月移動到Elmendorf空軍基地。

　　第3航空團是美國空軍之中第2個，同時也是太平洋空軍之中第1個配備F-22A的部隊。整備作業從2007年8月8日開始進行，由太平洋空軍之中唯一配備F-15E突擊鷹戰鬥轟炸機的第90戰鬥飛行隊開始汰換。另外第90戰鬥飛行隊正在進行機種汰換的2007年10月29日，第3航空團指揮下的第525戰鬥飛行隊因爲重新編制而被併入部隊中，因此也從2008年8月開始配備F-22A。預定於2008年之內，讓第3航空團湊足2個飛行隊的F-22A。

　　而第3航空團的第90戰鬥飛行隊有6架F-22A，在2008年7月到8月，於Guam島的Andersen空軍基地參加「Jungle Shield」演習，是F-22A第2次的海外佈署。

太平洋空軍旗下的第3航空團是第2個配備F-22A的部隊，首先由第90戰鬥
飛行隊更新機種。照片中是組成編隊的第90戰鬥飛行隊的F-15E（近）與
同一隊上的F-22A。垂直尾翼上所印刷的代號為「AK」。
（照片提供：美國空軍）

給第3航空團所使用的第一架F-22A，在2007年2月12日於洛克希德‧馬丁
的瑪麗埃塔工廠首次公開。這張是公開典禮中所拍攝的照片。
（照片提供：美國空軍）

F-22 RAPTOR

空軍預備役軍團與州兵航空隊

在美國空軍之中，編制有支援第一線作戰部隊的空軍預備役軍團與州兵航空隊這兩個第2線的作戰組織。這些組織跟第一線的作戰部隊一樣由配備各種戰機的部隊所構成，會參加美國本土的防衛作戰與海外的各種作戰行動。因此也預定會配備F-22A，只是因為F-22A機體數量被大幅削減的關係，得與同一基地的第一線部隊共用機體。

Langley空軍基地佈署著維吉尼亞州兵航空隊第192戰鬥航空團，會由其指揮下的第149戰鬥飛行隊來運用F-22A。該部隊成為州兵航空隊之中首次使用F-22A進行飛行任務的部隊。Elmendorf空軍基地則是在F-22A開始配備於第3航空團的同時，在空軍預備役軍團旗下編制第477戰鬥航空群，第302戰鬥飛行隊在其指揮下與第3航空團共用F-22A來展開活動。Holloman空軍基地同樣也是在空軍預備役軍團旗下編制第44戰鬥航空群，今後將由其指揮下的301戰鬥飛行隊來運用F-22A。

緊接在第49戰鬥航空團之後，美國空軍已經決定將F-22A佈署於夏威夷的希肯空軍基地。在此將由夏威夷州兵航空隊第154航空團旗下的第199戰鬥飛行隊將F-15C/D更新為F-22A，他們將是第2線部隊中唯一擁有自己的F-22A的部隊。配備將從2010年開始，預定於2011年完成佈署。

空軍預備役軍團與州兵航空隊的部隊，以輔助航空戰鬥軍團等第一線部隊為主要任務，旗下部隊也有配備作戰機體。F-22因為生產機體太少，所以得與第一線部隊共用，在Elmendorf空軍基地則是由空軍預備役軍團的第477戰鬥航空群與第3航空團共用F-22A。
（照片提供：美國空軍）

發射AIM-7麻雀飛彈的夏威夷州兵航空隊第199戰鬥飛行隊的波音F-15C鷹式。預定於2010年將機種更新為F-22A。
（照片提供：美國空軍）

F-22 RAPTOR

航空教育訓練軍團

　　訓練美國空軍駕駛員跟維修人員的組織，是位於德州Randolph空軍基地的航空教育訓練軍團。戰機駕駛員的訓練生會先從渦輪引擎的螺旋槳機T-6A開始進行訓練，訓練結束用練習機測驗合格後，才會開始用T-38A高等噴射練習機進行超音速飛行的的訓練。等到這個訓練也順利結束之後，才會開始用跟實戰部隊相同的戰機進行訓練。因此航空教育訓練軍團旗下有著配備F-16C/D與F-15C/D的航空團，現在還外加了1個F-22A的飛行隊。

　　關於轟炸機、空中加油機、運輸機等大型機的駕駛員，會在基本的T-6A飛行訓練結束時，依照學生的適性與希望來分配。大型機駕駛員的候補生如果是操作噴射機的情況下，會在航空教育訓練軍團內配備有T-1A練習機的部隊進行訓練，不過美軍將練習機有效的發配在全軍部隊之中，因此選擇渦輪螺旋槳機的候補生，會到美國海軍的訓練部隊接受教育。直昇機候補生也會在同樣的階段決定，並前往美國陸軍的訓練部隊受訓。

　　不論是到哪個部隊接受訓練，最後展開實機訓練時都會回到航空教育訓練軍團，來接受最終訓練。因此這個軍團不只是戰鬥機，另外還有配備C-17A、C-130E/J、MC-130H/P、KC-135R、UH-1H/N、HH-60G、CV-22B等機種，並以各機種來編制專任的飛行訓練隊。

以訓練駕駛員為任務的航空教育訓練軍團，所有訓練生都會先用照片中的
T-6A Texan II 來學習基本操作
（照片：青木謙知）

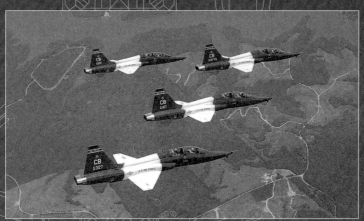

被使用在戰鬥機駕駛員高等訓練中的超音速練習機，諾斯洛普·格魯曼
T-38A TALON
（照片提供：美國空軍）

第325戰鬥航空團

　　除了研發與測驗部隊之外，首先配備F-22A的，是航空教育訓練軍團旗下，位於佛羅里達州Tyndall空軍基地的第325戰鬥航空團。這個部隊原本是迎擊用的戰鬥機部隊，但在1960年3月一度解散，於1981年7月重新編制時被改成以航空器武器訓練為主要任務的教育性部隊。之後持續進行訓練性的活動，一直到1984年4月開始配備F-15，才將活動內容改成F-15的實用機轉換訓練。

　　就像這樣第325戰鬥航空團，是以養成F-15C/D駕駛員為主要任務的部隊，由3個F-15C/D飛行隊所構成，現在3個部隊之一的第43戰鬥飛行隊已經將機種更新為F-22A，開始訓練F-22A的駕駛員。F-22A在2002年9月26日開始配備於該部隊，在10月25日正式成為F-22A飛行隊，首先以教育訓練官為主要任務。接著在2003年開始訓練一般的駕駛員候補生。

　　F-22A的駕駛員候補生，一開始只以具備其他戰機飛行經驗的資深駕駛員為對象，但從2008年開始也以剛剛結束練習機課程的學生為對象。F-22沒有製造複座型的訓練用機，因此候補生會先用模擬器進行充分的訓練，然後才進入實際飛行。

　　另外關於F-22的維修人員，在德州Sheppard空軍基地設有專門機構，會統一在此進行訓練。

佈署於Tyndall空軍基地的第325戰鬥航空團，是實驗部隊以外第一個配備
F-22A的部隊，以訓練F-22A的駕駛員為主要任務。第43戰鬥飛行隊
F-22A的配備機數為25架，垂直尾翼上的代號為「TY」。
（照片：青木謙知）

第325戰鬥航空團旗下的2個戰鬥機飛行隊，現在還是使用波音F-15C/D鷹
式，以訓練F-15的駕駛員為主要目的。
（照片提供：美國空軍）

航空物資軍團

在美國空軍內部，航空物資軍團是進行飛行器相關研究、開發、測驗、與評估的組織。過去分別編制有進行研究與實驗的空軍空戰系統軍團，與專門進行後援補給的空軍補給軍團，在1992年美國空軍改組時兩個組織被合併，成為現在的航空物資軍團。司令部位於俄亥俄州的Wright-Patterson空軍基地。

在航空物資軍團旗下的組織中，位於加州愛德華空軍基地的空軍飛行測驗中心與佛羅里達州Eglin空軍基地航空兵器中心各自擁有大規模的飛行部隊，其他設施則還有俄亥俄州Newark空軍基地的航空宇宙導引‧氣象中心，亞利桑那州Davis-Monthan空軍基地的航空宇宙整備‧再生中心，田納西州Arnold空軍基地的Arnold技術研發中心，麻薩諸塞州Hanscom空軍基地的電戰系統中心，猶他州Hill空軍基地Arnold航空補給中心（第309整備航空團），奧克拉荷馬州Tinker空軍基地的奧克拉荷馬市航空補給中心（第76整備航空團），喬治亞州Robins空軍基地的Warner Robins航空補給中心（第402整備航空團）。除此之外，司令部Wright-Patterson空軍基地內的「美國空軍博物館」也在這個軍團的管理之下。

兩個中心內，飛行測驗中心會進行航空器本身的研發與測驗，航空兵器中心則是以搭載武裝的研發與測驗為主。

美國空軍航空物資軍團的主要任務，是對各種運用機種進行飛行測驗與後
援補給。照片中所進行的是將AIM-120C裝到武器艙內的作業。
（照片提供：美國空軍）

F-22A的3號機，因為在飛行測驗中超過了負荷上限，進行高達11.7G的飛
行，因此停止所有後續飛行任務，於2008年1月18日開始被展示在美國空
軍博物館之中。這個博物館也是由航空物資軍團進行管理。照片為當時的
收藏典禮。
（照片提供：美國空軍）

第412測驗航空團

航空物資軍團旗下部隊配備有F-22A的，是愛德華空軍基地空軍飛行測驗中心的第412測驗航空團，他們同時也是美國空軍所有部隊之中首先配備F-22A的部隊。在這個航空團旗下，各個飛行隊會依照測驗機種來進行編制，唯獨轟炸機是將3個機種（B-52H、B-1B、B-2A）編制在同一個飛行隊內。配備有F-22A的飛行隊是第411測驗飛行隊，由美國空軍跟製造商洛克希德・馬丁雙方人員所構成的統合測驗團隊，來進行各種作業。

該部隊在1998年2月首次配備F-22A，機體被分解成主翼跟機身等大型組件，經由陸路運送到基地內。組裝完成後於5月17日首次進行飛行，然後正式進入飛行測驗作業。最初量產的9架技術及製造研發機（EMD），全都配備於第411測驗飛行隊，而2架量產準備測驗機（PRTV）也是先配備到該部隊上，之後再轉到第422測驗評估飛行隊。

9架EMD機，基本上會繼續由411測驗飛行隊來進行運用，但EMD3號機卻在測驗飛行中超越了限制負荷而不得不取消往後的飛行任務，改成美國空軍博物館的展示機。另外5號機後來也解除飛行任務，改成讓駕駛員在地上練習操作程序的GF-22A，交由Langley空軍基地的第1戰鬥航空團使用。

以F-22的研發‧實用測驗為主要任務，隸屬於第412測驗航空團第411測
驗飛行隊的F-22A。各種作業會由美國空軍與洛克希德‧馬丁雙方人員所
組成的統合測驗團隊來進行。
（照片提供：洛克希德‧馬丁）

在研發測驗的飛行中，以大攻角的飛行姿勢發射AIM-9M響尾蛇飛彈，隸
屬於第411測驗飛行隊的F-22A。
（照片提供：美國空軍）

洛克希德‧馬丁的作業分配

F-22是由洛克希德‧馬丁在先進戰術戰鬥機（ATF）計劃中提案，並被採用的機體，在ATF進入Dem／Val作業時，美國空軍允許各家廠商組成團隊來進行作業。因此洛克希德與通用動力以及波音這兩家公司聯手，訂下ATF被採用時各家廠商的作業比率（各1／3）。

而洛克希德在1993年3月買下通用動力的戰術航空器部門，將自身的作業比率提高到2／3。又在1995年3月與馬丁‧馬瑞塔進行合併，將公司名稱改為洛克希德‧馬丁。在F-22的生產作業中，洛克希德‧馬丁的分擔部分如下：

◇瑪麗埃塔工廠（前洛克希德）：整體武器系統的統合作業；研發、製造包含駕駛艙與進氣口在內的機身前半部；製造垂直尾翼、水平尾翼、主翼與後部機身的前緣、襟翼、副襟翼、起降裝置；設計、研發電子儀器技術與其機能（包含顯示裝置、操作裝置、航空資訊系統、感應器）；最終組裝。

◇沃斯堡工廠（前通用動力）：製造機身中央；製造武器相關裝備；研發、製造F-22專用電戰系統；通訊、導航、識別（CNI）系統的統合作業；研發、製造裝備品管理以及慣性導航裝置；研發支援系統。

另外，在瑪麗埃塔工廠完成組裝作業的機體會在同一工廠內部進行塗裝，進行飛行測驗後移交給美國空軍。

位於喬治亞州，亞特蘭大郊外瑪麗埃塔的洛克希德‧馬丁工廠內部，
F-22A的最終組裝區。
（照片提供：洛克希德‧馬丁）

波音的作業分配

依照波音航空與洛克希德‧馬丁所訂下的合作契約,波音必須負責F-22整體作業的1/3,主要作業會以華盛頓州的西雅圖工廠爲中心來進行。製造部分爲主翼與機身後方,包含引擎艙跟組裝推力偏向式排氣口。除此之外,還有訓練系統與駕駛員保命系統的研發與製造、火災防衛系統的研發、機身整體匿蹤塗料的塗裝與研發降低紅外線(熱源)散發的對策等等。在波音所擔任的部分之中特別重要的,是統合搭載電子儀器的作業,波音爲此特別將一架757客機改造成電子儀器測驗機,以供研發作業使用。

這架757飛行測驗機,首先在機首裝備了與F-22相同的構造,之中收納有AN/APG-77雷達。其他還搭載有F-22實際上所使用的通訊、導航、識別裝置(CNI),跟防禦用電子裝置、飛行時的資訊同步裝置。757飛行測驗機在前端機身上方裝備有小型的機翼,CNI與防禦關聯的電子裝置都被收藏在此處。另外機內客艙的前方左側準備有模擬F-22駕駛艙的位置,可以從此監控各種裝置的運作狀況。

波音雖然與洛克希德‧馬丁一起進行F-22的研發作業,但在之後的統合攻擊戰鬥機(JSF)計劃中則與洛克希德‧馬丁進行競爭。但最後在審查中敗北,沒有被軍方所採用。

以F-22計劃伙伴的身份參加作業的波音航空，負責搭載電子儀器的研究、開發作業。照片為作業中所使用的波音757改造實驗機。
（照片提供：波音）

波音航空也有參加F-22的製造作業，在西雅圖工廠製造主翼跟機身後半。照片為製作主翼時的情景。
（照片提供：波音）

無法外銷的F-22

　　因為採用匿蹤機能等各種最先端科技的結晶，F-22的造價極為昂貴。能夠購買這麼昂貴機體的國家，世界上幾乎不存在，但這並不代表完全沒有。日本就是希望購買的國家之一，將F-22列為日本航空自衛隊次期主力戰鬥機的候補之一。日本航空自衛隊一直到F-15為止，都跟美國空軍配備相同的主力戰鬥機，因此將後續機種定位在研發出來取代F-15的F-22身上，可說是理所當然的選擇。

　　可是美國議會目前並不允許F-22進行外銷，美國政府也遵守著這個決定。其最大的用意在於阻止高科技的外流，不過在這之前ATF計劃，本來就不是以外銷為前提來進行研發。雖然也有考慮過製造限制機能的外銷型，但對整體系統環環相扣的F-22來說，要刻意降低、去除特定機能會非常的困難。給美國空軍使用的量產作業也宣告結束，F-22進行外銷的可能性已經完全不存在。

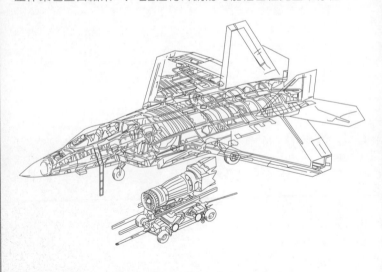

第 6 章

噴射戰機的歷史與世代

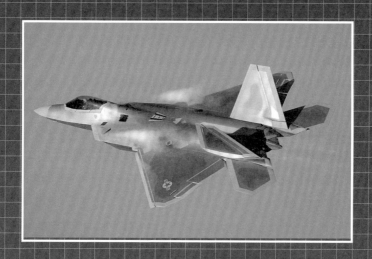

F-22是屬於第5世代的戰鬥機。那麼,在到達第5世代之前,有著什麼樣的戰鬥機存在呢。最後讓我們從第1世代的戰鬥機開始,來看看第2、第3、第4、以及具備部分第5世代特徵的第4.5世代,各有著什麼樣的特徵,而又有哪些代表性的機種。

F-22 RAPTOR

航空器的世代分類

世界上的許多製品，都會以登場時期所使用的技術來區隔它們的「世代」，這在戰鬥機也不例外。不只是戰鬥機，直昇機與客機等各種機種都會以「世代」區分為前提來進行討論。飛行器的圈子裡，同一世代的機種大多使用同一等級的技術，因此世代分類也較為輕鬆。

洛克希德‧馬丁將F-22，以及後續研發的F-35稱為「第5世代戰鬥機」。到目前為止我們所說明的F-22，具備有許多傳統戰機所沒有的技術，洛克希德‧馬丁就是以此為依據來與其他戰鬥機差別化，並提高F-22身為新世代戰鬥機的印象。另一方面，製造現行機種的歐美其他廠商，則是對「第5世代戰鬥機」這個說法抱持反對意見。他們主張在自家的產品當中也有使用新技術的新世代戰鬥機存在，性能並不輸給F-22。不過匿蹤性、超音速巡航能力、超機動性等等，在這方面F-22領先一步是不爭的事實，因此各家製造商也以「只用空戰能力來看的話」為前提，承認F-22是架非常優秀的戰鬥機。不過他們當然也對匿蹤機能的意義跟有效性畫上問號。

F-22是否真的領先其他現行機種1個世代，必須由今後的歷史來提供解答。不過至少今後所研發的戰鬥機，都會具備以F-22為基準的能力。

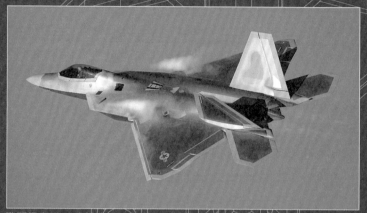

戰鬥機在進入噴射機的時代之後，至少經歷過4次世代交替。洛克希德·馬丁及美國空軍認為F-22A是揭開新世代序幕的戰鬥機，將它稱為「第5世代戰鬥機」。
（照片提供：普萊特和惠特尼）

在F-22之後同樣身為第5世代的戰鬥機，有洛克希德·馬丁的F-35閃電II。不過對於第5世代戰鬥機這一詞，其他廠商都抱持懷疑的態度。
（照片提供：洛克希德·馬丁）

噴射戰機的誕生

　　將引擎內部燃燒的瓦斯噴出，以其力道作為推進動力的噴射引擎，將這種裝置使用在航空器的研究，早在1920年就已經開始。之中又以英國跟德國特別先進，在第二次世界大戰中實際地製造了裝備這種引擎的飛機。而德國更是將噴射戰鬥機實用化，投入於戰爭之中。

　　世界第一架實用型的噴射戰鬥機，是德國的梅塞施密特Me262。Me262在一開始就設計為裝備噴射引擎的戰鬥機，不過引擎的研發需要較多時間，因此在1941年4月18日首次飛行時，搭載的是活塞式引擎與螺旋槳。換裝成噴射引擎後在1942年3月25日正式首飛，成為第一架升空的噴射戰鬥機。不過到場觀察的希特勒卻說它「比較適合做為高速轟炸機」，使得研發作業陷入混亂之中。就算如此它還是在1944年7月以戰鬥機的身份配備於德國空軍，到戰爭終結為止生產了大約1430架，迎戰盟軍的轟炸機與戰鬥機。

　　與Me262交手的盟軍戰機駕駛員，全都對其速度感到驚訝。裝備噴射引擎的Me262在當時確實有著驚人的速度，但一邊飛行一邊迴旋等運動性卻極為缺乏，結果只能採取高速接近目標，射擊之後直接飛越過敵人這種一擊之後離脫的戰術。身為史上第一架噴射戰鬥機，Me262的名稱被刻劃在歷史之中，不過卻不足以挽回德國的劣勢。

使用噴射引擎的航空器，早在二次大戰中就已經開始
研究。不過以噴射戰鬥機的身份正式配備於實戰之中
的，就只有德國空軍的梅塞施密特Me262
（照片提供：史密森尼博物館）

英國在1943年3月5日讓自國的第一架噴射戰鬥機Gloster Meteor首次飛
行，並於1944年7月開始配備於部隊。
（照片提供：英國國防部）

第1世代噴射戰機的特徵

　　在第二次世界大戰中正式投入實戰的噴射戰鬥機，雖然只有德國的Me262，但英國跟美國在戰爭結束之前就已經開始進行製造。英國在1943年3月5日讓噴射戰機Gloster Meteor首次飛行，雖然沒有投入對抗Me262，但還是配備給了英國空軍。另外美國也在1942年10月1日讓Bell公司的P-59 Airacomet試作機首次進行飛行。這個時期的噴射戰鬥機，都將重點放在如何將噴射引擎的推力實用化。許多機體雖然都有著更高的速度，但運動性反而比當時的螺旋槳機還要差。P-59更是連速度都有問題，只能發揮跟螺旋槳機P-51差不多的性能。

　　一直等到擊敗德國的盟軍得到大戰中德國所進行的與噴射戰鬥機相關實驗的龐大資料，然後將其更進一步發展，噴射戰鬥機的技術才出現大幅的進步。期間讓主翼以往後方傾斜的後退翼相關的研究，更是讓噴射戰機的速度與運動性能進入新的次元，成為噴射戰機進化的關鍵。不論是Meteor還是P-59，或是美國初期的成功作品洛克希德P-80，全都跟螺旋槳機有著一樣的直線形主翼。因此一直到具備後退翼的噴射戰機問世，戰鬥機才可以說是正式進入噴射時代。然後在1950年6月爆發的韓戰，首次上演了噴射戰機對抗噴射戰機的戰鬥場面。

美國第一架噴射戰鬥機，Bell公司的P-59 Airacomet。雖然裝備噴射引擎，但速度卻跟當時的螺旋槳機差不多，是架失敗作品。
（照片提供：美國空軍）

美國第一架正式進行量產的噴射戰鬥機，洛克希德的P-80A Shooting Star。主翼跟螺旋槳戰鬥機一樣為直線造型，沒有後退角度。
（照片提供：美國空軍）

第1世代噴射戰機的代表性機種

第1世代的噴射戰鬥機，一般指的是德國的Me262與英國的Meteor這些還無法突破音速，也還沒裝備正式雷達的噴射戰鬥機。就武裝面來看，沒有裝備任何飛彈，雖然會使用火箭彈但還是以機關槍或機關砲為主力。就代表機種來說，當然還是唯一在二次大戰中投入於實戰的Me262。可是如果就噴射戰機後來的發展來看Me262身為戰鬥機的綜合能力，則評價並不高。

因此代表這個世代的噴射戰機，果然還是在引進後退翼之後，大幅提高戰鬥力的機種，例如美國北美航空的F-86軍刀，跟前蘇聯米格設計局的MiG-15 Fagot。F-86在1944年開始研發，設計時雖然使用直線造型的主翼，但在得到德國後退翼的研究資料之後變更設計，讓首次飛行的時間延後到1947年10月1日。另一方面MiG-15也在1946年使用德國的技術資料進行研究，在1947年4月得到製作試作機的許可。試作機I-310在同年12月30日首次飛行，量產機則是在1948年12月31日飛行。兩者都兼具優良的速度與運動性，有著超越過去所有噴射戰機的戰鬥能力。1950年11月出現在韓戰中的MiG-15讓美軍完全無法招架，使得美國不得不緊急派出F-86，投入於韓戰之中。在這之後F-86與MiG-15成為東西最具代表性的噴射戰機，同時也是在戰場上好幾次交手的死敵。

第1世代的噴射戰鬥機開始裝備主翼前端往後的後退翼，讓性能大幅提升。照片中是代表第1世代的美國北美航空F-86F軍刀。
（照片提供：美國空軍）

前蘇聯之中第1世代噴射戰機代表性的機體，米格設計局MiG-15的發展型，MiG-17 Fresco。照片為美國民間所擁有的機體，在航空秀之中進行飛行展示。
（照片：青木謙知）

第2世代噴射戰機的特徵

噴射戰鬥機與早期螺旋槳機最大的不同，再怎麼說都是那優異的飛行速度，能夠用超高速飛行，一直都是噴射機最大的魅力。看到其中的可能性，各國對於速度的追求突然加大，紛紛開始挑戰如何「突破音速的障礙」，也就是用超音速來飛行。世界首次以水平角度達到超音速的駕駛員，是美國的查克‧葉格，在1947年10月14日用Bell公司的X-1實驗機飛出了馬赫1以上的速度。

這個成功突破音速的飛行，讓美國進一步開始研發實用型的超音速戰機。F-86跟MiG-15雖然也能在俯衝的時候突破音速，但卻不是什麼實用的機能。因此世界第一架實用型的超音速戰機，是美國北美航空的F-100超級軍刀，原型機於1953年5月25日首飛，最高速度為馬赫1.3。

與速度的追求並肩進行的，是電戰儀器的開發，特別是可以從目視範圍外捕捉到敵機的搭載用小型雷達，在速度越來越快的空戰之中，是絕對不可缺少的機能。而其真正的目的不只是捕捉敵機，還必須與射擊系統連動來實現精確的瞄準，並且用實用化的空對空飛彈擊中目標。美國F-106迎擊戰鬥機，甚至還實現了與地面預警系統連動的自動迎擊機能。

超音速飛行能力、雷達等機上電戰儀器、空對空飛彈，現代戰機的基礎，都是由這個世代的戰鬥機所創造出來。

第2世代的超音速戰鬥機，可以用突破音速的速度來飛行。照片中是美國
第一架實用型的超音速戰鬥機，北美航空的F-100超級軍刀。照片中的機
體為F-100D。
（照片提供：美國空軍）

美國空軍的三角翼迎擊戰鬥機，Convair航空的F-106
Delta Dart，在當時有著高度的迎擊系統，可以說是第2
世代噴射戰機的最高峰。
（照片提供：美國空軍）

第2世代噴射戰機的代表性機種

從1950年代中期開始登場的第2世代噴射戰鬥機,在東西冷戰的緊張氣氛使然之下,各國都有著多樣的機種問世。越來越強大的引擎推力,促使可以搭載多種炸彈的戰鬥轟炸機在此誕生,這代表噴射機不再只是戰鬥機,而是可以專精於各種任務,發展出多元的機種。

就美國的戰鬥機來看,洛克希德的F-104星式Star-Fighter跟Convair航空的F-106三角標槍Delt-Dart,給海軍使用的Vought航空F8U(之後的F-8十字軍)Crusader等等,都是專精於迎擊任務,代表這個時代的戰鬥機。就攻擊能力來看的話,則有美國空軍Republic Aviation公司所製造的F-105雷公Thunderchief。

在前蘇聯的戰鬥機之中,則是以米格設計局的MiG-21魚床Fishbed為其代表。具備馬赫2的速度,這架戰鬥機一開始只是裝備簡單雷達的白天用戰鬥機,之後改良雷達時變更為全天候戰鬥機,並追加對地攻擊能力發展出多目的機種。良好的操縱性,還有那優秀的生產能力讓東協許多國家都有引進,成為標準配備的戰鬥機。

西歐諸國當然也有研發出許多機種,其中一個成功案例,是法國達梭航太的幻象Ⅲ。幻象Ⅲ採用德國在大戰中所研究的三角主翼(Delta Wing),是沒有尾翼存在的無尾三角構造,並在機首裝備強大的雷達。

斬新的型態加上優異的速度與攀升性能，洛克希德所製造的F-104星式
Star-Fighter甚至被稱為最後的有人戰鬥機。
（照片提供：美國空軍）

前蘇聯之中最具代表性的第2世代噴射戰鬥機，MiG-21魚床Fishbed，各
種類型加在一起總共生產超過10000架。到現在還有國家施加近代化修改
之後持續使用。照片為現代羅馬尼亞空軍的機體，修改後的類型被稱為
Lancer。
（照片：青木謙知）

第3世代噴射戰機的特徵

第3世代的噴射戰機，在飛行能力方面與第2世代並沒有太大的改變。超音速飛行能力、機上裝備的雷達、空對空飛彈，全都是從第2世代戰機身上繼承而來。最大的不同，是第2世代戰機大多重視迎擊或轟炸等單一任務，第3世代則是以可以執行多種任務的「多功能化」為重點來進行研發。這個「多功能化」在長期製造、運用的第2世代戰機之中後期的機體也有引進，因此有時會跟第3世代難以區別。

賦予多功能的戰鬥能力，代表戰鬥機所裝備的各種系統越來越複雜。另一方面自動化技術卻還在研發階段，因此大幅增加了駕駛員的作業量。結果駕駛員必須進行更多的訓練，來熟悉這些繁雜的操作。

在第3世代的戰鬥機之中，有一些部分採用了「可變後退翼」的構造。這是在主翼裝著部位增加可動機構，讓主翼在飛行中可以改變後退角度。較淺的主翼後退角，在起降與低速的機動飛行時會比較有利，另一方面較深的主翼後退角，適合進行高速飛行。要是能在飛行中改變後退角，則可以依照當時的飛行狀況來調整到最合適的角度。只是在這個世代的戰機中，駕駛員還必須以手動的方式來操作後退角，讓可變後退翼戰鬥機的駕駛員面對更加嚴苛的操作量。

在第3世代戰鬥機中，誕生了可以在飛行中改變主翼後退角度，裝備有可
變後退式主翼的戰鬥機。照片中是美國通用動力公司的F-111土豚，可以
將主翼調整到各個角度。
（照片提供：美國空軍）

前蘇聯第3世代噴射戰鬥機，裝備有可變後退翼
的米格設計局MiG-23鞭撻者Flogger。
（照片提供：美國海軍）

第3世代噴射戰機的代表性機種

代表這個世代的戰鬥機,再怎麼說都是美國麥克唐納‧道格拉斯(現在的波音)的F-4幽靈Ⅱ。F-4是研發給美國海軍所使用的機種,後來也由美國空軍採用,以日本爲首的許多國家也都有配備。結果F-4的生產量成爲美國噴射戰機之中最高的5195架。就當時來看,它擁有極爲優秀的空戰能力與對地攻擊能力。

美國製造的可變後退翼戰鬥機,有通用動力(現在的洛克希德‧馬丁)的F-111土豚Ardvark。嚴格來說它屬於戰鬥轟炸機,美國海軍也曾經計劃將它當作艦上防空戰鬥機來使用。但美國海軍對於研發給空軍使用的機體抱持有反感,因此用重量太重當作理由而不採用。

前蘇聯米格設計局研發出的MiG-23鞭撻者Flogger同樣也是可變後退翼戰鬥機。這是一架運動性與戰鬥力相當均衡的高性能戰鬥機,另外也有製造將雷達等電子儀器簡易化的攻擊專用型MiG-27,兩種類型跟MiG-21魚床一樣被許多國家採用。其他還有可以稱爲前蘇聯版F-111土豚,由蘇愷航空集團所製造的Su-24擊劍手Fencer,它同樣也是一架高速戰鬥轟炸機。而前蘇聯戰機之中不可忘記的,是具備將近馬赫3的高性能攀升性與加速性的米格設計局MiG-25狐蝠Foxbat。2枚垂直尾翼跟主翼的位置,對後來美國的F-15鷹式帶來了很大的影響。

麥克唐納‧道格拉斯的F-4幽靈Ⅱ是美軍之中代表著第3世代的噴射戰鬥機，在美國空軍內部雖然已經全數退役，但有許多國家到現在都還有在服役。
（照片提供：美國空軍）

前蘇聯蘇愷航空集團的Su-15細嘴瓶Flagon，據說是受到美國波音F-4幽靈Ⅱ的影響所研發的迎擊戰鬥機。沒有進行任何外銷，只由蘇聯空軍進行運用。
（照片提供：美國國防部）

第4世代噴射戰機的特徵

　　第3世代的噴射戰鬥機持續改良飛行性能，研發雷達等電子儀器，並將空對空飛彈實用化，結果讓人開始覺得噴射戰機不再會像螺旋槳一樣需要進行近距離的空中纏鬥。可是實際上已經由越戰證明，就算是噴射戰機也是有不得不進行纏鬥的場面存在。

　　在超高速的近距離空戰之中，「能量」的管理會是非常關鍵的因素。具備比敵機更大的能量，就能在戰鬥中得到更佳的優勢。飛行中的戰鬥機會有位置跟運動這兩股能量存在。位置能量簡單來說就是高度，位置高度越高，位置能量也就越大。運動能量則是速度，飛行速度越快，就擁有越大的運動能量。這些能量可以依照需求來進行變換。比方說在超高度用比較慢的速度飛行時，就是處於位置能量高，運動能量小的狀態。如果在此俯衝的話，位置能量就會減少，運動能量則會增加，也就是用位置能量換取運動能量。另外如果進行緊急迴旋，則可以消耗這些能量。

　　第4代戰鬥機最大的特徵，是可以一邊管理這些能量，一邊進行空戰。簡單來說就是進行激烈的高機動飛行也不容易失去能量，就算失去能量也可以簡單回復。再加上以雷達為首的各種探測裝置越來越發達，各種局面的戰鬥能力都已經超越第3世代。

第4世代的噴射戰鬥機跟前幾個世代相比，在運動性跟電子儀器方面有很大的進步。照片為洛克希德．馬丁的F-16C戰隼，外銷給21個國家，生產機數大約4500架，是現在也持續進行生產的名機之一。
（照片提供：洛克希德．馬丁）

F-22 RAPTOR

第4世代噴射戰機的代表性機種

美國格魯曼（現在的諾斯洛普‧格魯曼）的F-14雄貓，麥克唐納‧道格拉斯（現在的波音）的F-15鷹式、F/A-18大黃蜂，通用動力（現在的洛克希德‧馬丁）的F-16戰隼等4個機種，都是屬於第4世代的噴射戰鬥機。它們全都具備極高的運動性，並且有著比過去戰機更小的迴旋半徑。F-15另外還擁有高速與加速性兩個優勢。F-16則是首次使用線傳飛控系統等許多新技術的實用戰鬥機，並且擁有小型與輕量、容易操縱等優點，再加上價格也不昂貴，美國以外的許多國家也有引進，成為僅次於F-4的暢銷機體。

前蘇聯則因為技術性的問題，在這個世代的機體研發方面較為落後。不過克服這個缺點而登場的米格設計局MiG-29支點Fulcrum，與蘇愷航空集團的Su-27側衛Flanker都擁有超越美國第4世代戰鬥機的運動性能。雷達與空對空飛彈也大幅更新，大幅提昇了戰鬥力。

西歐的代表機種，則有法國達梭航太的幻象2000，與英、德、義共同研發，泛那維亞財團所製造的龍捲風戰機。幻象2000組合無尾翼的三角主翼構造與線傳飛控系統，從低速到高速的各種速域之中都能發揮良好的機動性。龍捲風則是可變後退翼的戰鬥機，有著攔截、攻擊型與防空型兩種。防空型與F-14一樣具備自動變更主翼後退角度的機構。

代表第4世代的歐洲戰機之一，法國達梭航太的幻象2000-5。使用達梭傳統的無尾翼三角主翼加上線傳飛控系統，用研發當時許多最新技術打造而成。
（照片提供：達梭）

泛那維亞財團所製造的龍捲風戰機，是歐洲三國共同研發，裝備有可變後退翼的戰鬥轟炸機。照片為義大利空軍第36航空團旗下的機體，正由龍捲風之間進行空中加油。
（照片提供：義大利空軍）

F-22 RAPTOR

第4.5世代噴射戰機的特徵

近年來，戰鬥機出現第4.5世代這個不高不低，不上不下的區隔。就像4.5這個數字一樣，這些戰鬥機是在第4世代之後所研發、實用化的機體，但卻沒有達成第5世代所有的要求。

被稱為第4.5世代的機種，會用比第4世代更新的技術、理論來研發，在運動性或其他機能方面具備比第4世代更為優秀的能力。並且可以搭載多種目的的武裝，一次出擊可以同時進行對空戰鬥與對地攻擊，多功能戰機的特色更為明確。另外就是會融合各種感應器情報，用簡單方便的格式來提供給駕駛員，並具備各種通訊裝置來跟其他戰機或單位進行情報同步處理，據說將來還會跟核心戰略網路進行戰鬥情報的統合。

就以上情報來看，或許跟第5世代沒有多大差別，不過沒有從設計階段就考慮到匿蹤性，是它們被區分為「第4.5世代」的最大理由。匿蹤技術目前由美國領先全球，甚至可以說全世界就只有美國，可以用高度的匿蹤技術製造實用性的戰機。當然也有意見指出第4.5跟第5世代這些區隔，只是美國為了強調自己的優勢而擅自訂下的名稱。

歐洲的新世代戰鬥機之中首先完成、實用化的，是瑞典紳
寶公司製造的JAS 39獅鷲，採用去除水平尾翼的三角主翼
來配合前置翼。
（照片提供：紳寶）

第4世代戰鬥機之後，要研發高性能戰機必須要有優渥的資金，因此西歐
採取多國共同研發、製造的方針。照片中的是第4.5世代戰鬥機，歐洲戰
機颱風，由英國、德國、義大利、西班牙等4個國家共同研發、製造。
（照片：青木謙知）

第4.5世代噴射戰機的代表性機種

在許多場合「第4.5世代」的噴射戰鬥機，是指歐洲諸國所研發的最新世代戰鬥機。瑞典紳寶公司的JAS 39獅鷲、法國達梭航太的疾風、英國、德國、義大利、西班牙共同研發的歐洲戰機颱風等三個機種，目前都已經配備於各國軍隊並開始服役。而它們現在也一邊持續生產一邊進行改版作業，來提升各種機能。

這三個機種的共通點，是用三角主翼組合前置翼的機體構造。這樣的機身可以在飛行中刻意降低機體的穩定性，然後用電腦控制的線傳飛控系統來操縱這個不安定的機體，進而達到高度的運動性能。這類機體構造，在美國也有研究。美方認為這種構造不利於在機身內設置武器艙，並且只要強化水平尾翼的效果就能達到同等的運動性能，因此沒有採用。從此可以看出美國與歐洲在新世代戰機構想上的不同點。

就美國來看的話，則是有將第4世代戰機F/A-18大型化，並加裝匿蹤技術與最新電子儀器來提高戰鬥力的F/A-18E/F超級大黃蜂。這架超級大黃蜂也被認為是第4.5世代戰鬥機的一份子。俄羅斯的MiG-29支點的改良發展型MiG-35支點F，與Su-27側衛家族之一的新世代型Su-30/35也同樣被分類成第4.5世代戰鬥機。

法國當初也有參加歐洲戰機計劃，但卻在後來脫離計劃改成獨自研發，照片中就是達梭獨自研發的疾風戰機，與歐州戰機颱風一併被分類為第4.5世代的機體，配備於法國空軍跟海軍。這架是海軍專用的複座型疾風B。
（照片提供：達梭）

美國海軍F/A-18大黃蜂的發展型，波音F/A-18E/F超級大黃蜂也可以被分類成第4.5世代戰機。
（照片提供：美國海軍）

F-22 RAPTOR

在F-22之後的
第5世代噴射戰機計劃

美國的洛克希德‧馬丁在F-22之後，已經開始著手研發F-35閃電Ⅱ。F-35是單引擎的小型戰機，除了不具備超音速巡航能力之外，其他特徵幾乎與F-22相同，因此洛克希德‧馬丁預定也將它列為第5世代戰鬥機。另外F-35在研發階段就已經讓各國出資參與，有可能成為取代F-16的多國戰鬥機。

與美國併列戰機研發大國的俄羅斯，則是展開稱為「前線航空兵未來航空武器系統（PAK FA）」的新戰機研發計劃，由蘇愷航空集團擔任研發企業。候補機之一為T-50，目前以高戰鬥行動半徑、超音速巡航能力、極小的雷達截面積、超高機動飛行能力、短距離起降能力等等，與F-22同等，或是超越F-22的能力為目標。試作機在2010年1月29日首飛成功，希望能在2016年進行配備。

西歐諸國則是認為研發費用越來越貴的新世代戰鬥機，已經不是單一國家所能負擔計劃，單獨研發第4.5世代戰機的瑞典跟法國也表示不會再單獨研發次世代戰機。因此新戰機要在歐洲登場，歐洲諸國必須要比現在更加團結，只是現在還處於製造歐洲戰機颱風的階段，因此新戰機的登場看來還需要相當一段時間。獨自研發戰機的國家其他還有中國，據說目前正在研發稱為殲擊14型（J-14）的新戰機，不過尚未對外公佈詳細情報。

洛克希德‧馬丁在F-22猛禽之後目前正在研發的，同樣身為第5世代戰鬥機的F-35閃電Ⅱ。照片為試作原型機，以一般起降型的F-35A為基準的AA-1。
（照片提供：洛克希德‧馬丁）

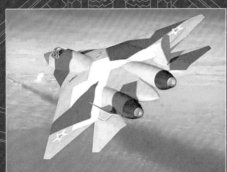

俄羅斯正展開研發第5世代戰機的PAK FA計劃。照片為擔任研發作業的蘇愷航空集團所公佈的完成想像圖。
（照片提供：蘇愷）

《參考文獻》

『世界名機系列F-22 Raptor』 （Ikaros出版、2008年）

『戰鬥機年鑑2007-2008』 青木謙知
（Ikaros出版、2007年）

『軍用機Weapon‧Handbook』 青木謙知
（Ikaros出版、2005年）

『月刊Air World』各期 （Air World出版社）

『月刊J Wing』各期 （Ikaros出版）

『月刊航空Fan』各期 （文林堂）

『Lockheed Martin Jay Miller
F/A-22 Raptor Stealth Fighter』 （Aerofax、2005年）

『Lockheed Martin Mike Wallace&Bill Holder
F-22 Raptor An Illustrated History』 （Schiffer Publishing、1995年）

『Jane's All the World's
Aircraft 2008-2009』 （Jane's Information Group、2008年）

『Jane's Air-Launched
Weapons Issue 49』 （Jane's Information Group、2007年）

『The Encyclopedia Of World Aircraft』 （Aerospace Publishing、1997年）

※其他以洛克希德‧馬丁、波音、美國空軍爲首的各公司資料‧網站。

索　引

explore

探索「科學世紀」

　由於誕生於 20 世紀的廣域網路與電腦科學，科學技術有了令人瞠目結舌的發展，高度資訊化社會於焉到來。如今科學已經成為我們生活中切身之物，它擁有的強大影響力，甚至到了要是缺少便無法維持生活的地步。

　『explore 系列』期望各位讀者可以藉由閱讀，進而對我們所身處的，號稱由「科學」領航的 21 世紀有著更深刻的認識。為了讓所有人理解在資訊通訊與科學領域上的革命性發明與發現，本系列從基本原理與機制，穿插圖解以簡單明瞭的方式解說。對於關心科學技術的高中生、大學生或社會人士來說，explore 系列不僅成為一個以科學式觀點領會事物的機會，同時也有助於學習邏輯性思考。當然，從宇宙的歷史到生物遺傳因子的作用，複雜的自然科學謎團也能以單純的法則簡單明瞭地理解。

　除了提高基本涵養，相信 explore 系列亦能成為各位接觸科學世界的導覽，並且幫助您培養出能在 21 世紀聰明生活的科學能力。

TITLE

空域最強戰鬥機！F-22猛禽今天解密

STAFF

出版	瑞昇文化事業股份有限公司
作者	青木謙知
譯者	高詹燦、黃正由

總編輯	郭湘齡
責任編輯	林修敏
文字編輯	王瓊苹、黃雅琳
美術編輯	李宜靜
排版	果實文化設計
製版	昇昇興業股份有限公司
印刷	桂林彩色印刷股份有限公司

戶名	瑞昇文化事業股份有限公司
劃撥帳號	19598343
地址	新北市中和區景平路464巷2弄1-4號
電話	(02)2945-3191
傳真	(02)2945-3190
網址	www.rising-books.com.tw
Mail	resing@ms34.hinet.net

初版日期	2011年10月
定價	300元

國家圖書館出版品預行編目資料

空域最強戰鬥機！F-22猛禽今天解密 /
青木謙知作；高詹燦、黃正由譯.
-- 初版. -- 新北市：瑞昇文化，2011.09
208面；14.5×20.5公分

ISBN 978-986-6185-71-7(平裝)

1.戰鬥機

598.61   100017977

F-22 WA NAZE SAIKYOU TO IWARERUNOKA
Copyright © 2008 YOSHITOMO AOKI
Originally published in Japan in 2010 by SOFTBANK Creative Corp.
Chinese translation rights in complex characters arranged with
SOFTBANK Creative Corp. through DAIKOSHA INC., JAPAN